袁训来——著

The Sinian *life*

震旦生命

中国科学技术大学出版社

内容简介

20世纪90年代以来，对中国震旦系地层中保存的化石（瓮安生物群、蓝田生物群、庙河生物群、埃迪卡拉生物群）的一系列发现和研究，充分说明了复杂生命在寒武纪大爆发之前有一个更加久远的演化历史，这是对达尔文进化理论的诠释和重要补充。本书用通俗易懂的语言再现了作者及其研究团队参与、亲历的中国震旦纪四大化石库的发现和研究过程；作者还提供了早期生命的精美化石图片和复原图，配以文字说明，详细解读了早期生命的形态及演化过程，也展示了他们所取得的一系列重要科研成果。在全书的字里行间展现了他们团结合作和执着追求的科学精神，每一次新的探索和突破都体现了他们清晰的科学研究思路。

图书在版编目（CIP）数据

震旦生命 / 袁训来著 . —合肥：中国科学技术大学出版社，2019.2
ISBN 978−7−312−04626−1

Ⅰ．震 … Ⅱ．袁 … Ⅲ．震旦纪—古生物—生物群—研究—中国
Ⅳ．① Q911.72 ② Q991.631

中国版本图书馆 CIP 数据核字（2019）第 034199 号

*   *

出版	中国科学技术大学出版社	开本	710mm×1000mm 1/16
	安徽省合肥市金寨路 96 号，230026	印张	12.5
	http://press.ustc.edu.cn	字数	122 千
	https://zgkxjsdxcbs.tmall.com	版次	2019 年 2 月第 1 版
印刷	安徽联众印刷有限公司	印次	2019 年 2 月第 1 次印刷
发行	中国科学技术大学出版社	定价	66.00 元
经销	全国新华书店		

袁训来

中国科学院南京地质古生物研究所
中国科学院生物演化与环境卓越创新中心
现代古生物学和地层学国家重点实验室
中国科学院大学

　　中国科学院南京地质古生物研究所研究员、博士生导师，现代古生物学和地层学国家重点实验室主任。首批"新世纪百千万人才工程"国家级人选，国家杰出青年基金获得者，全国优秀科技工作者，科学中国人（2005）年度人物。长期从事地球早期生命研究，做出了一系列具有重大国际影响的创新性成果。埃迪卡拉纪"蓝田生物群"和"瓮安生物群"的命名者和重要研究者。主持的重要成果分别入选 2005 年度和 2007 年度"中国基础研究十大新闻"等。

前　言

"这些化石是如何被发现的，咋知道深山老林里的岩层中有化石？"经常会有人问起这样的问题。古生物学是一门传承性极强的学科，中国老一辈地质学家为这个学科的发展打下了坚实的基础。特别是上世纪六七十年代，在全国地质矿产普查和地质填图的过程中，他们翻山越岭，用双脚丈量着中国的崇山峻岭，用双手触摸着山体中坚硬的岩层，中国多数重要的早期生命的化石宝库，就是在那段艰苦岁月中发现的蛛丝马迹。正是在前辈们的指引和鼓励下，现如今，我们肩负着使命、怀揣着希望，沿着他们的足迹寻找着珍稀化石，并逐步揭示它们的科学内涵。

生命是地球最具特色的现象，这一物质存在的特殊形式并不是地球天生固有的，它的出现可以追溯到38亿年前的冥古时代。生命最初的形式是单细胞的原核微体生物。构成生命的基本元素没有特别之处，如碳、氢、氧、氮、硫、磷等在宇宙中广泛分布，只是它们经过了数亿年一系列极其复杂的演化，才产生了具有新陈代谢、生殖和遗传等特殊功能的原始细胞。毫无疑问，保存精美的化石是人们认识生物演化历史最重要的科学依据。但是，由于地球上发生了"沧海桑田"的地质演变，第一个细胞产生前的系列演化证据几乎都没有保存下来。岩石中保存的最古老的生物活动痕迹出现在距今38亿年前后，那个时期的化石并不是可以与现代生物进行形态对比的有形生物，而是一些生物参与的沉积构造或生物遗留下来的生物大分子结构。现已发现的、保存了有形生物遗体的岩层不早于 35 亿年。距今 35 亿— 25 亿年的太古代的生物化石无一例外都可以归入微体的原核单细胞生物。真核单细胞生物也许出现在距今 25 亿— 22 亿年大气氧化的那段时间，但可靠的化石记录非常有限。可靠的真核单细胞生物化石在距今 16 亿年之后的中元古代地层中较为常见。直到 7.5 亿年前后的新元古代大冰期前夕，地球生物圈的面貌还是以原核生物为主。

可以说，自生命出现以来的近 30 亿年间，地球的陆地几近荒漠，海洋中大量繁盛着原核生物，以蓝细菌为代表的原核生物构成了海洋生态系统的主体，该时期广泛分布的叠层石就是这些微生物形成的沉积构造。早期的真核生物也主要以单细胞形式存在，其生存的空间非常有限，大部分都生活在海水的表层含氧区域。我们在元古代页岩中用浸泡法获得的以球形有机质形式保存的化石（常称为"疑源类"），大部分都是在表层海水浮游生活的单细胞真核生物的休眠期囊孢。

新元古代大冰期之后的"震旦纪"（距今 6.35 亿— 5.4 亿年），国际上正式的名称是"埃迪卡拉纪"，那时地球生物圈、大气圈和海洋环境已经发生了巨大改变，随着全球性的极端寒冷事件（也称"雪球地球事件"）的结束，全球变暖，氧气含量明显升高，真核多细胞复杂生物，包括多细胞藻类和动物均已出现。这一时期，以宏体真核多细胞生物为主体的复杂生态系统，打破了长达 30 亿年的、以叠层石 – 微生物席生态系统"一统天下"的总体格局。

中国震旦系地层中保存的化石为认识复杂生物的早期演化历程提供了独特的证据。上世纪 90 年代以来，有关瓮安生物群、蓝田生物群、庙河生物群、埃迪卡拉生物群的一系列发现和研究，使得人们充分认识到，复杂生命在"寒武纪大爆发"之前有一段更加久远的演化历史。这些发现是对达尔文进化理论的诠释和重要补充。

作者和研究团队成员亲身经历了中国震旦纪四大化石库的发现和研究过程，这一对复杂生命"追根求源"的工作，长期以来得到了老一辈地质学家的帮助和指导。谨以此书对他们的无私奉献、关爱和支持致以诚挚的敬意！

目　录

第 1 章

瓮安生物群

在细胞水平、组织水平上
认识复杂多细胞生物早期演化

瓮安生物群

产自贵州省瓮安县瓮安磷矿埃迪卡拉系（震旦系）
陡山沱组磷块岩之中，距今约 6 亿年。该生物群
包含有多细胞藻类、动物和动物胚胎、疑源类、
蓝藻等多种类型的生物化石。这是一个特殊埋藏
的化石生物群，生物死亡后发生了快速的磷酸盐
化和硅化作用，微细结构保存精美，一些动物和
藻类化石具有细胞和组织结构。透过瓮安生物群
这一独特的窗口，人们能够在细胞和组织水平上
窥视到早期动物和藻类的内部结构和发育特征。

知 识 链 接

磷酸盐化作用和硅化作用：是生物保存为化石的重要过程。在一些特殊的环境下，隐晶质（微小颗粒）的二氧化硅或磷酸盐渗透进生物体，或在生物体表面快速沉淀和结晶，把生物体改变成不易分解和破碎的化石。这一过程类似于"果脯"的制作过程，在高温的水体中，糖或蜂蜜渗透进水果的果肉中，使得水果原来的成分所剩无几，基本都由糖或蜂蜜替换掉了，但是水果的外形得以完好地保存。

原植体：植物的形态结构上的术语。原植体（thallus）呈丝状或片状，大小不一，小的仅数个细胞。原植体无根、茎、叶的分化，无输导组织。多细胞藻类（如绿藻、红藻、褐藻）、真菌及苔类的营养体均属此类。具有原植体的植物统称为原植体植物。

疑源类：一个非正式的分类学术语，为了分类描述的方便。定义为："未知或可能多样生物亲缘关系的小型微体化石，由单一或多层有机成分的壁包封的中央腔组成；对称性、形状、结构和装饰多种多样，中央腔封闭或以孔、撕裂状不规则破裂、圆形开口等多种方式与外部相通。"根据"疑源类"的字面就可以理解，这类化石的生物亲缘关系未知或不能确定，但越来越多的研究表明，其中绝大部分类型属于绿藻或海生杂色藻类，少部分可能与单细胞原生生物、真菌孢子囊或动物的卵有关。

1.1　陈孟莪先生把黑色磷块岩送给张昀老师

第一次接触瓮安磷矿的磷块岩，是在 1985 年冬天的某一个下午，陈孟莪先生跟北京大学地质系张昀教授约好在中关村的技物楼见面，我当时正在技物楼张老师的实验室做本科毕业论文。记得当时陈先生从一个老式皮包中拿出一块用旧报纸包裹了很多层的黑色石头，跟张老师说："这是贵州瓮安磷矿的磷块岩,你是研究地球早期生命的，对在岩石薄片中观察化石有经验，这块石头你切切看，里面肯定有化石，也许能发现你感兴趣的东西。"第二年开春天气变暖后, 张昀老师请当时北京大学地质系负责做岩石薄片的贾师傅磨制了二十来片，记得当时听他说起，好像在这些薄片中发现了一些具有细胞结构的藻类化石。也就是在那年的暑假，张老师带着我和另一位同学来到了贵州瓮安磷矿。

古隆中

中间是张昀教授（已故），左边是肖书海教授，右边是作者。

1986 年夏天考察湖北荆襄磷矿时，顺路拜谒襄樊古隆中。荆襄磷矿与瓮安磷矿属于同一时代，张老师觉得这里面也许有类似瓮安磷矿的化石，但经过后来的研究发现，这里的磷矿中只含有一些蓝藻化石，叠层石非常发育，但没有多细胞生物化石的痕迹。在这"三顾茅庐"之地，张老师跟我们俩讲起，人一辈子也就匆匆数十年，很短暂，要有点追求，为后人留下点永恒的东西，比如像我们古生物学者在岩石中找到一些新的化石属种，也算是一种贡献。现如今，张老师离开我们很多年了，但他在瓮安磷矿中发现和命名的瓮安藻、原叶藻、红藻的生殖巢等一系列多细胞生物化石，为我们认识多细胞生物起源及其早期演化提供了重要的实证材料。

1.2　第一次去瓮安磷矿，矿长请我们吃饭

瓮安磷矿属于贵州省司法厅管辖，一般人进入这个地方并不容易，我们当时带着北京大学的红头介绍信找到了矿长，说是搞地质的学生来磷矿实习。矿长看到介绍信非常兴奋，说他的父亲就是北大毕业的，对我们格外亲切，"来，我请你们吃饭。"当时的瓮安磷矿新建了职工住宿区、篮球场、招待所等，还有一个职工食堂。我们从贵阳下火车后坐了一整天的汽车，傍晚时分才来到矿上，的确非常饿了。矿长带我们来到职工食堂，走进一间桌上堆满剩饭剩菜的小房间，说这些饭菜是刚刚矿领导没有吃完的饭菜，扔掉太可惜，现在厨师都已经下班回家了，如果我们不介意的话，挑几样吃饱肚子吧。记得好像当时连张老师在内，我们三人都没介意，不但吃得很饱，还很香。

吃完饭，我们住进了矿上的招待所，两块五一个房间。第二天一大清早，张老师就把我们叫起床，在矿上的职工食堂带上几个馒头就出发了。根据以前陈孟莪先生的指点，那块黑色磷块岩来自一个叫磨坊

瓮安磷矿的采矿点之一

瓮安生物群产地的野外照片。图中的挖掘沟槽就是含化石的磷矿,厚度大约 10 米。

的小村子附近的磷矿开采点，根据当地农民的指点，磨坊离矿区有条大概 10 华里（1 华里=500 米）的田间小道。还算顺利，两个多小时后，我们来到了磨坊村，也很快就找到了黑色磷块岩的露头点。

瓮安藻

瓮安藻是瓮安生物群中常见的多细胞藻类，由张昀 1989 年命名。

整个藻体呈球形或椭球形，通过黑色磷块岩切片或灰色磷块岩浸泡均可获得。藻体中没有见到明显的细胞和组织分化。较小的个体几乎都是球形的（图 1），表明该藻类在幼体时可能营浮游生活。

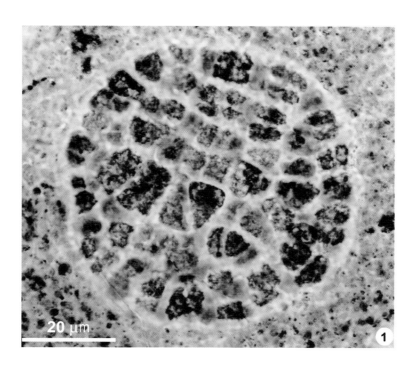

20 μm

1.3　黑色石头是早期生命研究者的最爱

黑色沉积岩石，在上世纪80年代以前，可以说是早期生命研究者的最爱了。"黑色"意味着含有丰富的有机质，也就意味着保存了大量的生物遗迹。一些古老的和有名的化石组合几乎都来自黑色的石头，如加拿大五湖地区距今约20亿年的冈弗林特（Gunflint Formation）微生物化石、澳大利亚距今10亿—8亿年的苦泉组微体化石，均来自黑色硅质岩。甚至地球上最古老的微体化石，也是来自澳大利亚西部距今35亿年的瓦拉伍纳群（Warrawoona Group）灰黑色硅质叠层石。张昀老师在这之前的几年间，对我国河北蓟县地区和宣化地区的长城系距今约15亿年的团山子组和高于庄组黑色硅质结核也做了一系列的研究，发现了很多保存精美的微体化石，他是当时国际上研究地球早期生命化石的知名科学家之一。当然他对判断哪些类型的岩石中可能含有化石也是非常有经验的，否则，陈孟莪先生也不会特地把那块黑色磷块岩送给他研究。记得他当时跟我们说，不要指望在

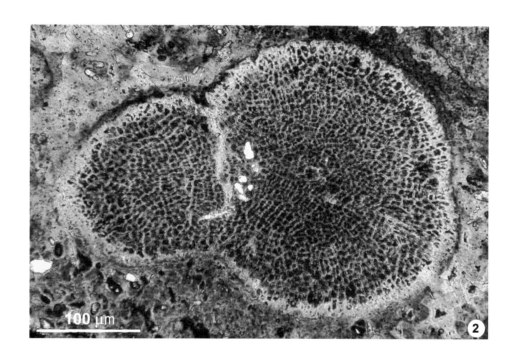

大一些的个体呈椭球形或块根状（图 2），显示它们在长大后很可能营底栖固着生活。

刚开始采集的每一块黑色硅质岩中都能发现很好的化石，如果在 10 块岩石中切片观察后发现有 2 — 3 块中有化石，那就是非常幸运的事情了。根据这个线索再到野外对含丰富化石的岩石层段进行集中采集，就有可能找到更多更好的化石。

那天上午，我们在磨坊采集了 5 — 6 个小布袋的黑色磷块岩，每一个小袋里估计都装了十多块小块的岩石。张老师很高兴，认为这次来的任务基本完成了，肯定能够从这些岩石中切出很多很好的化石。第二天，我们根据矿区一位工程师的指点，在矿区附近一个称为"北斗山"的矿坑，观察了一个较为完整的磷块岩露头剖面，并在这里采集了岩石。这里的磷块岩出露约 30 米厚，我们每隔 20 厘米左右采一个样，下部的磷块岩呈青灰色，上部呈灰白色，中间有 1 — 2 米的磷块岩为黑色，手摸上去就像摸到煤一样，也会染成黑色。当然，这个黑色层位是采集的重点，采集的样品也较多、较密。其实，这一黑色磷块岩层含有数十厘米厚的硅质磷块岩，也是保存瓮安生物群化石最好的层位。这一层位是根据张老师的经验和指导，我后来又来到北斗山 5 — 6 次进行目的性更强的多

保存完整的原叶藻

原叶藻也是瓮安生物群中常见的多细胞藻类，由张昀 1989 年命名。虽然该化石是二维的切片，但保存得非常完整（图 1）。

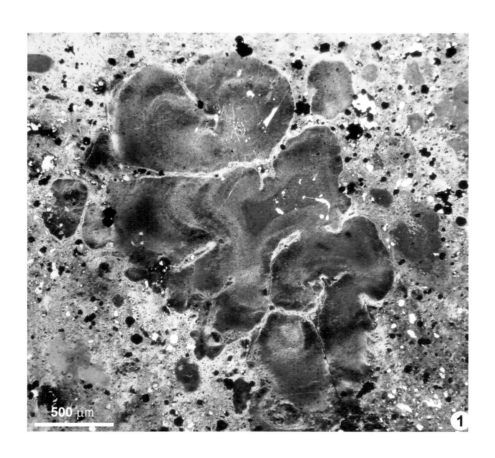

500 μm

①

次采集、多次磨片观察后才最终确定的。非常可惜，现如今，这个原本出露在地表面的层段，已经被当地采矿导致的山体垮塌完全覆盖了。

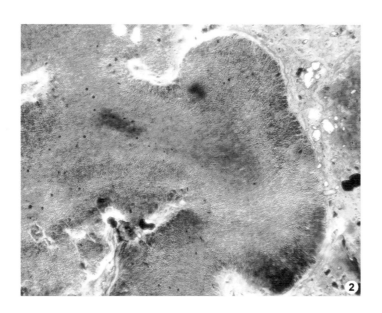

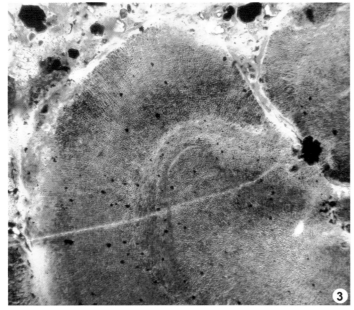

整个藻体的边缘放大后，可以看见外围细胞排列有序，边缘都非常完整（图2，图3）。它应该是藻体的横断面，推测整个形态大致与花椰菜（俗称"花菜"）类似。整个原植体呈团块状，下部相连，向上生长过程中分成若干个藻团块。

1.4　磷块岩中的发现远远超过了张昀老师的预想

样品带回到学校后，第一件事就是把它们磨成在光学显微镜下可以观察的薄片。陈孟莪先生赠送的一小块磷块岩，其中保存的化石已经让张昀老师兴奋不已，他迫切希望这次大量采集的岩石中能够展现出更多的惊喜。黑色磷块岩，由于含较多的有机质，质地比较松散，磨片之前需要用胶进行人工加固，这样才不至于在磨片时大量碎落。北大地质系磨片室就贾师傅一人，要按照张老师的要求，很难在短时间内拿出很好的片子。我在贾师傅的指导下，开始学习磨片，年轻人手脚灵敏，学得也快，不到一个月的时间，我就磨制了100来片。当然，年轻也意味着经验不足，磨片时用左手按住片子在快速转动的砂盘上操作，一不留神就会把手指和薄片一起磨了。时至今日，三十多年了，我左手的食指尖看上去还是不对称的。

我当时本科论文的研究方向是将元古代的叠层石微生物席和海南岛三亚盐田的现代藻席进行对比，所以磨制的磷矿薄片就由张老师一人去观察和

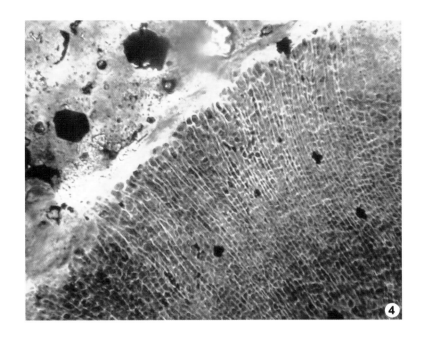

藻体边缘部分的细胞保存清晰，细胞向边缘分叉、分裂呈丝状，形成了细胞的"喷泉"结构（图 4），这一结构称为"假薄壁组织"，是红藻中常见的细胞生长和排列方式。因此可以根据这一特征把原叶藻归入红藻门。该原叶藻化石不但保存完整，也是在薄片中见到的最大的瓮安生物群化石，最大长度近 3 毫米。

对于多细胞藻类化石高级分类单元（门、纲、目、科）的确定并不是件容易的事情。我们知道，现代多细胞藻类主要根据生殖方式、色素类型、细胞内的代谢产物等细胞和亚细胞结构来进行系统分类，而化石中这些可供分类的信息绝大部分在生物的死亡、降解、搬运、埋藏和成岩过程之中已丢失。因此，如果要对化石进行"属"以上分类单元的确定，就必须找到一些可供进一步分类的特殊结构。细胞呈"喷泉"状的生长方式就是红藻门中"真红藻类"的重要特征。

研究了。这些黑色磷块岩中保存的化石的精美程度和丰度，可以说远远超过了张老师的预想。很多化石是复杂生物的残骸，几乎在生物死亡时，它们很快就经历了磷酸盐化和硅化两种地质作用，使得微米级的细胞都完好地保存了下来。根据细胞排列方式或生物组织的不同，可以识别出多种藻类化石。以前的研究者在元古代的硅质岩中也观察到了细胞，如在加拿大冈弗林特硅质岩中观察到的微生物化石绝大部分属于原核生物，个别化石被认为是单细胞真核生物，但这种看法并没有得到广泛的认可。而

瓮安磷矿岩中的化石是确切无疑的多细胞真核生物遗体。不仅如此，这些生物残骸中，还保存了有性繁殖的证据，即由一些相对于周边细胞个体较大的细胞群组成的"细胞岛"，与现代红藻中的雌性囊果和精囊非常相似。同时，这也意味着这些具有"细胞岛"的藻类属于配子体，或称为单倍体，细胞岛中的"大细胞"发育成大配子，再与其他植株上精囊产生的小配子结合，发育成双倍体。这也是早期复杂生物两性分化和世代交替的可靠化石证据。

从遗传学的角度来分析，

细胞岛状结构

　　张昀 1989 年把具有"细胞岛"的原植体归入一个新属，叫做椭形藻。这是个体较大、可以达到毫米级的球状原植体，其主要特征是具有细胞岛（cell island）结构。细胞岛中的细胞比原植体中的其他细胞大，颜色暗，保存好。这种细胞岛被解释为红藻的果胞子和胞子囊。很显然，这种解释表明椭形藻只代表某种藻类生命周期中的一个阶段。这些细胞岛应该是具有"繁殖功能"的细胞群，它与现代藻类的繁殖细胞非常类似，细胞岛中的细胞比周围的营养细胞大，并被有规律排列的细胞所包围；另外，大部分细胞岛状结构分布在原植体的外围，这也与现代藻类相同。

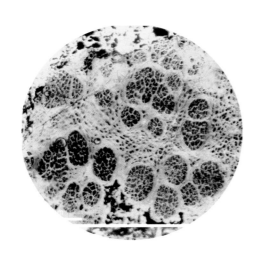

有性生殖产生的子代含有来自不同个体（父体和母体）的两套基因，这种基因重组很可能会给子代带来新的遗传变异，而且在繁殖过程中也有可能产生基因的突变。这些遗传物质的变化如果对生物适应环境有利，又能在自然选择的过程中得以保留，结果是将会产生多样化的个体。有性生殖出现的同时，多细胞生物具有了单倍体—双倍体世代交替的复杂生活史，以及双倍体个体复杂的遗传系统。在此基础上，生物内部组织的生殖与营养功能的分化、组织的分化和复杂化才

有可能发生。因此，性分化对于复杂生物的早期演化和发展起到了关键作用。

张老师发现"细胞岛"结构，并认为它是性分化的化石证据，这一观点得到了他的两个学生（肖书海和作者）一系列后续研究的证实。比寒武纪大爆发还要早 5000 万年的瓮安生物群中就已经出现了如此复杂的多细胞藻类，那么，大家一定会联想到，瓮安生物群中是否有复杂的多细胞动物？应该说，这是一个直到现在还没有完全搞清楚的巨大谜团。

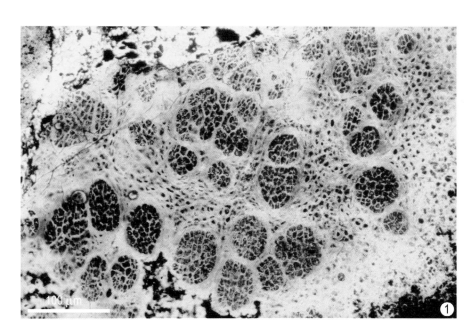

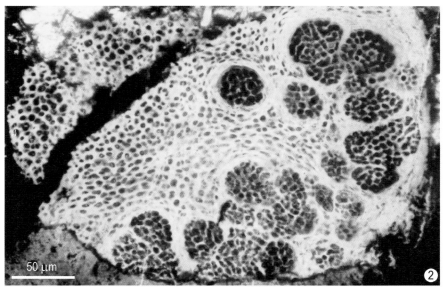

1.5　走进瓮安生物群研究的大门

1987 年，在张昀老师的指导下，我开始对磷块岩中的微体化石进行研究，这也是我硕士毕业论文的内容。经过多次的野外采集和室内观察，除了发现了更多的保存更好的具有细胞分化、组织分化和性分化的多细胞藻类化石之外，还发现了众多类型的具有复杂外部装饰的真核单细胞生物化石，由于它们的确切门类归属和亲缘关系还没有搞清楚，在古生物学研究中常称为"疑源类"化石。但有一点是可以肯定的，这些疑源类绝大部分属于浮游真核藻类，是当时海洋重要的初级生产者之一，而这个时代之前的海洋初级生产者则以原核生物为主。

当然，在薄片中也有大量的原核生物化石，原核生物从地球上生命起源之后直到现今，几乎无处不在。在动物出现之前的地层中，到处都能看到原核生物遗留下来的痕迹，如晚太古代至中元古代广泛出露的叠层石，就是原核生物的杰作。动物出现之后，特别是到了寒武纪动物大辐射，众多类型的动物几乎占领了整个浅海区域，

采集瓮安的黑色磷块岩

　　作者在采集含化石的瓮安磷块岩。从 1986 年开始，作者已经对该磷块岩层进行了十多次的考察和样品采集。由于当地一直在开采磷矿，所以每次看到的剖面和出露的岩石都不相同，我们知道科学研究是需要重复性证实的，这给研究带来了很多困难。因此，这一重要的化石产地需要进行保护。

它们在运动和捕食过程中抹去了原核生物生存留下的痕迹。因此在寒武纪之后的地层中，类似叠层石这样典型的由原核生物建造的岩石就非常少见了，只有在动物大灭绝之后很短的时间内或在地质历史时期类似现代的一些潟湖等极端环境下形成的岩石中，才能看到原核生物遗留下来的原始建造。

1990 年，我顺利通过了硕士毕业论文答辩，地质系的其他老师和张昀老师的意见非常一致，都认为瓮安磷块岩中的化石具有明显特色，在世界其他地区还没有类似的发现。1993 年，我对硕士论文进行了整理，把从薄片中观察到的多细胞藻类、大型带刺疑源类、蓝菌丝状体和球状体及细菌等化石组合命名为"瓮安生物群"。

蓝藻化石

这是用浸泡法获得的蓝藻（或称蓝细菌）化石，保存了细胞分裂时的状态，以及多次分裂产生的细胞聚集体。

蓝藻属于原核生物，它分裂产生的聚集体与多细胞真核生物不同。一般来说，只要营养物质和空间不受限制，原核生物就会不断进行分裂，聚集体的大小没有固定外形的限制。而真核多细胞生物的细胞数目增长到一定的时候，则会受到固定外形的限制。

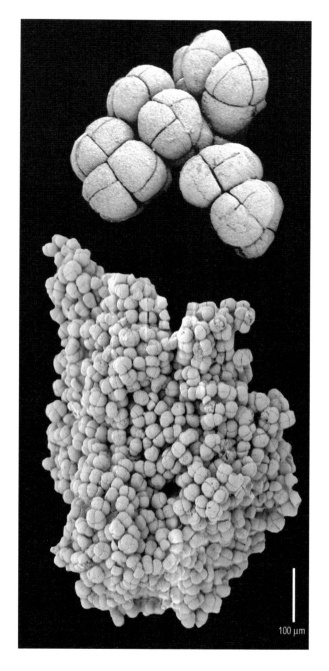

100 μm

1.6　化石保存在两种不同类型的岩石中

从薄片中寻找化石，是有一定概率的，因为磨制的薄片通常只有 40 微米厚，以一个 3 平方厘米面积的薄片计算，我们在这个薄片中只能观察到 0.012 立方厘米岩石中所保存的化石信息。因此，要通过薄片观察来认识地质历史时期的生物面貌，需要做海量的岩石切片。在地球早期微体化石的研究中，还有另一个行之有效的方法，那就是"酸泡法"，根据沉积岩石的不同性质，分别用醋酸、盐酸或氢氟酸来浸泡岩石，原理很简单，就是把环绕在化石周围的岩石溶解掉，化石也就自然地显露出来了。这种寻找化石的方法比磨片法获得化石的概率大很多，但缺点也很明显，就是一些生物结构可能在酸处理的过程中破碎或被溶解掉。

在上世纪 90 年代前后，经过多位古生物学家的研究，瓮安磷矿含丰富化石的磷块岩有两种类型：一类是上面提到的黑色硅质磷块岩，还有一类就是灰白色白云质磷块岩。在瓮安磷矿的北斗山地区，同时出现了这两种类型的磷块岩。大

带刺疑源类

瓮安生物群中常见的化石类型。通过浸泡（图1）或磨片（图2，图3）两种方法均可获得。大刺球藻（图1）最初是由陈孟莪和刘魁梧1986年发现并命名的，也是瓮安生物群中最早报道的化石之一。这类化石在瓮安磷块岩中保存极为丰富，表面的刺状装饰多种多样，已经报道的就有近60个不同

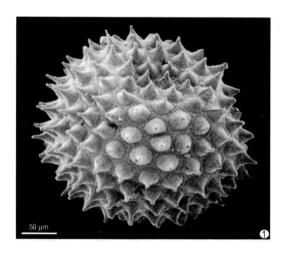

50 μm

①

部分地区的灰白色磷块岩覆盖在黑色磷块岩之上，但在一些地段中这两种岩石层位相当，是沉积环境的变化导致了岩性的变化。

　　灰白色磷块岩通过切片也可以获得很好的化石，但通过酸泡法能够获得更多的保存精美的立体化石。这一方法是用醋酸把磷块岩中所含的碳酸盐溶解掉，而磷酸盐化的化石在醋酸中的溶解速度较慢，能够很好地保存下来。其中有一类球形化石，格外引人注目，那就是轰动一时并一直存在争议的"动物胚胎"化石了。

的类型。个体差别也很大，大的个体直径可达 1 毫米，小的个体直径
不到 100 微米（图 2，图 3）。由于它们的亲缘关系及生物分类位置尚
不能确定，大多归为疑源类。成岩早期的硅化和磷酸盐化作用保存了
类型多样和结构精美的、具有明显时代特色的大型带刺疑源类组合。
这些结构复杂的微体真核生物是该时期海洋浮游生态系统的重要角色，
代表了该时期浮游真核生物演化的水平。

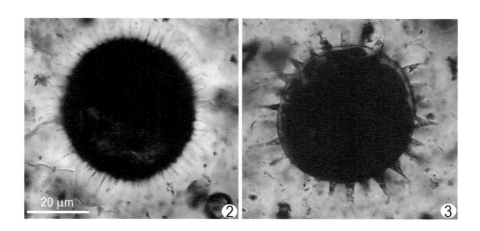

1.7　著名的动物胚胎化石

对瓮安动物胚胎的认识有一个发展过程。在上世纪 90 年代初，古生物学家用醋酸浸泡灰白色磷矿石时，发现醋酸溶解后的残留物中含有无数的球形颗粒，大小在 0.5 — 1 毫米之间，用电子扫描显微镜（能分辨出纳米级结构的）进行仔细观察，发现这些球形颗粒的最外面有一层壳，其上有不规则的瘤状装饰，绝大多数情况下，瘤状壳包裹着一个光球体；少部分标本有 2 个、4 个、8 个、16 个乃至 $2n$ 个有规律出现的小球。毫无疑问，单从这些特征分析就能够肯定瘤状球形物是生物化石，但究竟是何种生物的遗体呢？古生物学家们通过与现代一些藻类进行形态对比，认为它们与绿藻门中的团藻相类似，而与其他藻类形态相差较大，很自然地就把它们归入绿藻。

在当时的研究中，只把它们看作藻类而没有往动物胚胎方面去想，还有一个非常重要的原因，就是藻类与其他植物一样，它们的细胞都具有细胞壁，容易形成化石，地质记录中就有很多植物和藻类细胞保

动物胚胎

瓮安生物群中最具影响力也是最有争议的化石。这类化石最初由薛耀松等人在 1995 年发现，认为它们与现代团藻类类似。1998 年肖书海等人把它们重新解释为动物胚胎。胚胎化石是分别通过切片（黑色磷块岩和灰色磷块岩两种岩石都适用这种方法）和酸泡（只有灰色磷块岩才适用这种方法）两种方法获得的。这些化石的形态可以简单地归纳为：具瘤状（少数板状）装饰的壳体分别包裹着 1 个、2 个、4 个、8 个、16 个乃至 $2n$ 个有规律出现的小球。

存为化石；而动物细胞没有细胞壁，只有一层几十纳米（1纳米等于 10^{-6} 毫米）厚的细胞膜，很难形成化石，地质记录中动物细胞保存为化石极为罕见。

在这些球状化石被描述为藻类并发表后的第五个年头，另一些古生物学家对它们进行了重新研究，认为它们不是藻类化石，而是动物的胚胎化石。他们是这样进行分析的：藻类细胞在分裂时虽然也能产生 2 个、4 个、8 个、16 个乃至 $2n$ 个有规律出现的细胞集合体，但是每个分裂阶段的细胞大小都是不变的，也就是说，随着

细胞的增加，细胞集合体的体积也相应地成倍增长。但是，瓮安球形化石并不是这样的，细胞每分裂一次，单个细胞的体积就比母细胞减小一半，而整个细胞聚合体的体积几乎保持不变。这一特点与动物胚胎的早期发育过程非常类似！由此，他们对瓮安球形化石得出了完全不一样的结论：它们是 6 亿年前动物留下的胚胎！肖书海博士等人 1998 年在英国著名学术刊物《自然》上以"磷块岩中三维保存的藻类和动物胚胎化石"为题的封面论文中发表了他们的研究成果。论文发表后引起了强烈的反响。美

400 μm

国科学院院士、哈佛大学生物进化系的安德鲁·诺尔（A.H. Knoll）教授认为动物胚胎的发现是我们认识地球早期动物演化的新窗口；已故的国际著名演化生物学家、哈佛大学的斯狄芬·古尔德（Stephen Jay Gould）教授在纽约时报上称胚胎化石的重要性可以与50年代在加拿大冈福林特燧石中发现前寒武纪化石相比拟，是20世纪古生物学的重要发现之一。

我们知道，现生动物进行有性生殖都要经过胚胎发育这一过程：卵子受精后形成受精卵（或称为合子），绝大多数合子发育都会由1个细胞分裂成2个、4个、8个乃至$2n$个细胞，直到有细胞分化、组织分化和器官分化，在长成幼虫前都统称为胚胎发育阶段。我们熟知的"蛋"和"籽"就是胚胎。通常情况下，由一个受精卵发育成基本能自由生活的幼虫（这里指无脊椎动物，6亿年前出现的动物应该都属于无脊椎动物）所需的时间很短，在几天之内就能完成，有的更短，甚至在几个小时内就能长成幼虫。在这么短的时间内，要连续观察到现生动物胚胎的发育全过程是一件不容易的事，更何况是观察已经死亡并变成化石的动物胚胎！

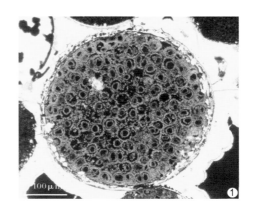

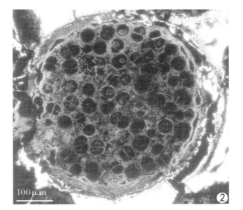

具细胞分化的胚胎状化石

图 3 是图 2 的局部放大。

以往报道的胚胎化石只有细胞的简单分裂和数量增加的特征，没有细胞分化的特征。这些特殊的胚胎化石来自黑色磷块岩的切片，显示内部细胞分裂到数百至千个细胞之后（图 1—图 3），出现了细胞分化出营养细胞和繁殖细胞的特征（图 4—图 6）。

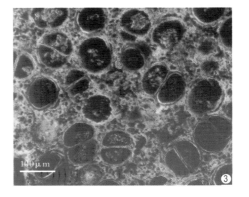

1.8 寻找下"蛋"的"鸡"成为焦点和难点

但事实是，在我国贵州省瓮安磷矿距今约 6 亿年的岩石中，不但保存了动物胚胎，而且还保存了动物胚胎早期发育的全过程！要知道，距今 6 亿年是一个非常遥远的过去，地球上就连可靠的动物化石都没有发现，更何况是动物胚胎！而且这里的化石数量极其丰富，以瓮安磷矿方圆 70 — 80 平方千米、平均厚度 7 — 8 米的含胚胎化石的岩石（很多地方的富集层，胚胎化石含量超过岩石总重量的 10%）计算，动物胚胎化石应该是数以千万吨计！

这一发现的科学意义不言而喻，比寒武纪动物大辐射还要早 5000 万年的地层中发现了动物化石，意味着，我们探索动物的起源，在化石证据上向前迈出了一大步。

这一重大发现是以封面论文形式发表在《自然》杂志上的，封面图片就是一枚胚胎化石。当然，这篇论文对胚胎化石的研究只是一个开始，在当时，对胚胎的解释也有很多值得质疑和再斟酌的地方，如在 6 亿年前，动物胚胎这种没有坚硬外壳、转瞬即失的微小生命是

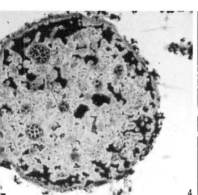
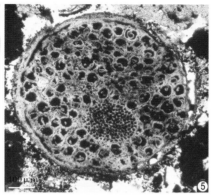
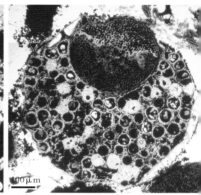

根据现代生物学常识，一般来说，一个多细胞复杂生物体内出现了繁殖细胞，就意味着这一生物体发育到了近成年期。由此可以推测，这些具有数千个内部细胞的球状体已经是某种复杂生物的成年期化石，这些由繁殖细胞产生的内部多细胞球状体（类似俄罗斯套娃结构）会释放出来（图5，图6），并独立成长为该类生物的另一个生活周期个体。新个体将会在一定阶段产生具有一个繁殖功能的大细胞，在受精后再发育成具有外部装饰的单细胞球体，继而重复前面细胞分裂的过程。但是，迄今为止，还没有发现这类"后续"的"新个体"化石，也就是说，我们不知道产生胚胎化石的生物成体到底长啥模样。因此，对这类特殊化石的研究还没有完成，需要有进一步的新发现。另外，需要特别指出，这些多细胞复杂生物生活在遥远的6亿年前，非常接近地球上动物出现的源头，很多早期类型也许都很难与现代的类型进行形态学比较，很可能都是一些已经灭绝了的类型，但是它们基本的生物学特征和发育规律应该与现代生物一样。因此，除了继续需要新的化石证据外，还需要有新的思路对它们进行更加合理的解释。

如何保存为化石的？地质记录上没有可靠的动物成体化石之前为何有如此数量众多的化石胚胎？"有鸡才有鸡蛋"，这是何种动物下的"蛋"？

随后的深入研究慢慢展开了，大家都试图通过各种手段来揭开蒙在"动物胚胎化石"上的神秘面纱。

众所周知，胚胎的早期发育阶段是动物生命周期中最脆弱的时期，生活时需要有源源不断的营养供给。如果离开了母体或在缺少营养的非生活状态下，就需要有外界特殊条件的保护，如低温冷藏等，否则就会死亡并快速腐烂或降解。

而瓮安磷矿地区的胚胎却经历了6亿年的地质作用而得以完美保存，这其中的秘密到底是什么？研究认为，其保存过程大致类似如下的情形：比如，新鲜的枣子很容易腐烂，但是经过糖水浸泡后制成蜜饯就可以长久地保存；这些动物的胚胎在这里没有很快地腐烂，一个重要的原因就是这些动物的胚胎一来到世间，很快就被海水中高浓度的磷酸钙胶体"浇铸"和"渗透"，几天之内甚至在短短几个小时里，这些胚胎就变成了"磷酸钙石头"，即使后来在水里翻滚、漂流，也能够得以完整地保存，当它

局部放大

10cm

① ②

灰色磷块岩中保存了大量的胚胎化石

图 2 是图 1 磷块岩的局部放大。

这是灰色磷块岩中保存的丰富的微体化石。图 2 中的小圆点基本都是化石，在显微镜下仔细观察，可以发现其中有很大一部分为动物胚胎化石。这么多化石保存在一起，显然不是生物生活时的自然状态。它们经过水流搬运后富集到了一起，而且小球粒的大小都非常一致，显然经过了较长时间的水的冲刷和筛选。

们随着其他沉积物埋藏并成为岩石后就能够永久地保存下来。

可以肯定，这数以千万吨计的胚胎化石并不是短时间内形成的。7 — 8 米厚富含胚胎化石的岩层至少经历了数十万年甚至数百万年乃至千万年的积聚。但为何动物都把"蛋"下在同一地区呢？究其原因，这很可能与瓮安磷矿地区当时所处的地理位置有关，该地区很可能是浅海台地上的一个小"洼地"，其他周边地区的胚胎化石经过了风浪的搬运和长期的沉积，最终都在瓮安磷矿这一地区幸运地保存了下来。

接下来还有一个问题，也是最引人入胜的问题，那就是，这些化石胚胎是哪一种或哪几种动物下的"蛋"？换句话说，就是："比三叶虫还要老 5000 年的动物是啥模样？"如果能找到这些下"蛋"的"鸡"，它们的形态应该非常接近动物起源时的模样了。在 1998 年之后的近 10 年时间里，国内外很多古生物学家和现代生物学家都试图在瓮安磷块岩中直接寻找与这些动物胚胎有关联的成体动物化石。寻找方法无外乎前面提到的两种方法：一种是做岩石切片，在光学显微镜下观察，第二种就是用醋酸浸泡获得立体保存的化石。

瓮安旋孔虫

图 1 和图 2 为同一标本。

由王丹等 2012 年命名。这是瓮安生物群中一类奇特的化石，呈球形，个体直径在 0.5 — 1 毫米之间。从外向内可以分为三部分：具瘤状或脑纹状纹饰的表壳（图 1，图 2，图 4）、表面光滑不具装饰的内壳以及中央囊

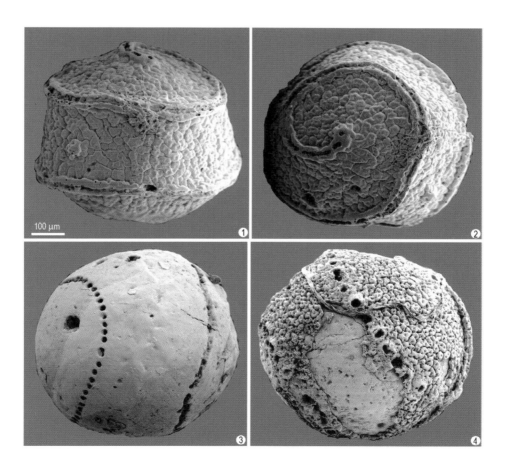

十多年来，学者们公布了他们的一系列发现，有微体管状腔肠动物、小春虫、水螅虫、贵州始海绵、贵州旋孔虫等。在这些发现中，部分化石的可靠性以及是否属于动物化石还值得再研究，部分化石即使属于动物，但它们个体都很小，与动物胚胎化石大小属于一个量级，动物是不可能产下与自己成体一样大小的"蛋"的，因此几乎可以肯定，它们都不是这些动物胚胎的母体，与动物胚胎没有直接关系。

腔（图 3），在表壳上具有顺时针旋转排列的微小孔洞，并贯穿内壳（图 3，图 4）。微孔旋转成 2—3 圈完整的环带，止于两极（图 1，图 2）。该类化石在 2007 年首次被肖书海等人报道，解释成动物胚胎化石——有饰大球的后期发育阶段，并推测它们可能与同层位产出的微体管状化石——贵州圆圆茎存在个体发育关系。迄今为止，在化石记录以及现生动物（包括原生动物和后生动物）中还没有发现与瓮安旋孔虫相似的体形结构，因此只能根据其形态来进行生物属性的推测。

首先，根据表面的纹饰和螺旋孔以及个体的大小，可以排除它们是藻类原植体或藻类休眠期囊胞的可能，瓮安旋孔虫应该属于动物。

第二，在后生动物中，具有螺旋状体形或结构的动物很多，如软体动物中的腹足类等，但这些已知的高等动物都具有明显的口部结构，即使是幼虫（如浮浪幼虫等），也具有前后以及对称体制（辐射或两侧对称）的分化。而瓮安旋孔虫除了螺旋孔外，既没有发现其他开口的特征，也不具备体制的对称性，因此它们属于后生动物的可能性很小。

第三，它们的表面纹饰保存完整、分布均匀，个体呈球形，并且螺旋孔在两极和中部的分布也很匀称，这些特征表明瓮安旋孔虫很可能是营浮游生活的原生动物。

第四，在原生动物中，一些类群的外壳上具有与外界相通的孔洞，如肉足虫纲中的有孔虫类，虽然外壳有很多小孔，壳体的外形也有很多呈螺旋状，但它们的螺旋壳体由多个房室组成，有明显的口部（伪足伸出进行捕食生长等生理行为的主开口），单个房室上的小孔也没有螺旋形排列特征。其他原生动物，如纤毛虫类，虽然也具有螺旋形的体形（表现为体表具螺旋生长的纤毛），但它们都具有明显的口部结构。而瓮安旋孔虫除了具备螺旋孔外，没有发现其他开口的特征，也没有

1.9 也许，在瓮安磷矿永远找不到下"蛋"的"鸡"

难道瓮安磷矿地区只保存了动物的胚胎，而没有保存它们的成体？现在看来，这种可能性还是很大的。通过研究，发现这些磷块岩是经历了风浪的搬运而再度沉积下来的，大块体的岩石在搬运时被风浪打碎了，一些岩石颗粒类似于现代海边的石英沙粒，有磨圆的特点，表明当时的水动力很强。这样一来，一些或许当初保存下来的大个体的动物化石也被打成了碎片，就很难被识别出来。即使磷块岩中保存了那些大个体动物的碎片，也很难拼凑出它们原来的模样，就像花岗岩石块在海水中受到风吹浪打，最终都变成了细小的石英砂，看不出当初花岗岩的样子了。如果当时的过程果真如此，也许在瓮安磷矿地区，我们永远也找不到这些胚胎的成体了。

在这十多年间，学者们还用了更先进的科技手段，如类似于医院CT扫描之类的技术，试图从胚胎化石本身来推测它们的母体可能属于何种动物。这一方法就是把浸泡出来的胚胎化石用CT技术来恢复其中细胞的排列方式，从而来推测

类似有孔虫的房室结构。除上述类群之外，瓮安旋孔虫与其他类型的原生动物差别则更加明显。

第五，应该说，螺旋孔是它的关键结构，它们同时穿过具脑纹状的外壳和光滑的内壳，直通内部囊腔，这一特殊结构很可能在取食、运动和排泄等生理功能方面起到了至关重要的作用。在现代原生动物中，特别是肉足虫纲所属的类型，可以伸出伪足进行捕食和运动，瓮安旋孔虫的螺旋孔有可能同样起到了运动和取食的功能。所有保存完整的孔洞周边都有一个加厚的外缘，从外沿的形态上看，它与具脑纹状的外壳有着明显的界线和区别，显然是后来沉积的物质（化石已经磷酸盐化），这一结构可能就是伪足伸出和缩进时黏附的有机质颗粒（排泄物等）或伪足分泌的有机质沉淀。在现代很多有孔虫类型当中，孔洞周围由伸出的伪足分泌的钙质而形成加厚带是一个普遍现象。瓮安旋孔虫的表壳孔洞直径为 15 — 20 微米，有足够的空间让伪足（现代有孔虫的足丝直径在数微米至十几微米之间）伸出捕食细菌或微小的有机质颗粒，同时这些伪足也可能担当着运动的功能，螺旋状伸出的伪足（孔洞）有利于其朝着某一特定方向行进。另外，这些孔洞也许跟现代有孔虫一样，担当着排泄的功能。

总之，这是一类没法跟已知类型完全进行对比的化石生物，它的生物属性还有待进一步研究。

它们的卵裂是如何进行的。当然，这里用的CT比医院用的分辨率要高得多，球状胚胎化石的整体只有0.5—1毫米大小，其中包含的分裂子细胞更小，有的只有10个微米。要把这些分裂的子细胞的空间位置都分辨出来，模拟切片的厚度一般都要小于或等于1微米。以这个分辨率进行CT扫描，一个1毫米的球状胚胎化石至少需要扫描1000个面。每一个面的图形就类似医院的CT图像。之后再把这些连续的CT图像在计算机里用特殊的软件进行三维形态的恢复，从而清晰地看到这些卵裂细胞相互间的空间位置。

我们知道，现代不同类群的动物具有不同的胚胎早期发育形式，卵裂方式非常复杂；不同的动物也可以具有类似的卵裂方式。如棘皮动物和两栖动物具有辐射卵裂，软体动物、环节动物、扁形动物、线形动物等具有螺旋卵裂，爬行动物、鱼类和鸟类具有盘状卵裂，节肢动物具有表面卵裂等。

我们把胚胎化石CT图像的三维照片与现代动物的胚胎卵裂方式进行对比，根据它们的相似性来推测胚胎化石与哪些现代动物可能存在某种关联。应该说，应用CT技术获得了

四分胞子体

图 2 为图 1 的局部放大。

在瓮安磷矿的多细胞藻类化石的切片中，有一些直径明显较大的细胞保存在由较小细胞组成的原植体中，这些大细胞以球形单体、四分体和八分体形式出现。单个的大细胞可能代表四分胞子母细胞（图 3），四分体可能代表四分胞子（图 1，图 2），八分体可能代表八分胞子（图 1，图 2）。

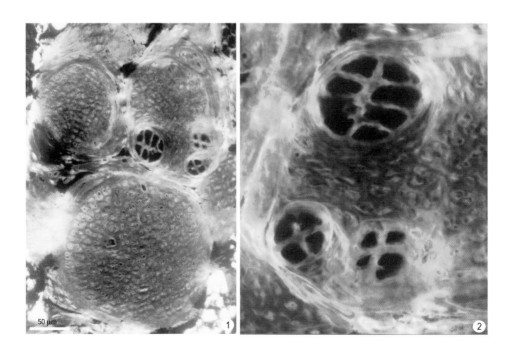

50 μm

胚胎化石非常精美的三维解剖图像，即使我们利用现代正在发育的动物胚胎为材料来做CT，也未必能够获得比这更漂亮的图像了。因为CT技术成像对实施的对象有一定的要求，其内部不同结构最好具有不同的密度，这样扫描出来的图像才具有清晰的层次感。现代的动物胚胎基本都是密度相对均匀的有机质，而胚胎化石却完全不一样，磷酸钙的矿化作用使得每一个细胞的外部轮廓都较好地保存了下来，特别是在醋酸浸泡过程中，细胞内部和外围的碳酸盐矿物都被溶解掉而形成了空隙或空洞，这样在CT扫描中，密度对比就异常地明显，结构也就更加清晰了。

在瓮安磷矿中久久未发现与胚胎化石相关联的成体化石之际，学者们用CT扫描获得的胚胎化石发育特征来推测其母体属性，也不失为一种权宜之计。通过这些图像能够清楚地认识到，这些胚胎很可能有多种来源，它们也许来自不同类型的动物。一些学者认为其中部分胚胎属于软体动物或节肢动物，甚至属于脊椎动物都有可能。显然，这一方法推测出来的结果有很大的不确定性，我们不但不知道下这些"蛋"的动物长啥样，甚至放在哪个

一个保存精美的原植体化石中包含了类似四分胞子体的细胞结构，而且有 1—2 个可能是柄细胞的结构托着四分体（图 2）。这种结构是一些现生真红藻的显著特点，是鉴定真红藻类化石可靠的证据之一。

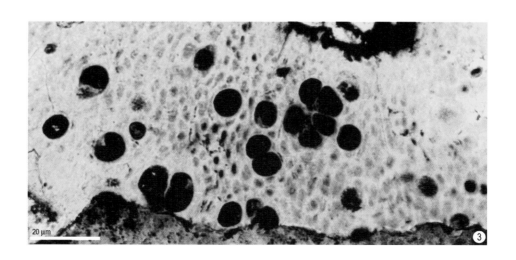

20 μm

动物门都是没准的事。但是，有一点还是可以肯定的，那就是这些精美的化石中有一部分一定是某些复杂动物下的"蛋"。这一结论也是非常重要的，毕竟那是距今 6 亿年前的化石。在此之前，国际上的部分学者还认为它们不是动物的胚胎，甚至将它们解释成属于原核生物的硫细菌。

硅化的藻类

图中为黑色磷块岩中硅化的多细胞藻类，图片是通过光学显微镜中一种称为"微分干涉差"的技术所获得的。灰色磷块岩中保存的化石，很多都是磷酸盐化的化石，如浸泡出来的动物胚胎；而黑色磷块岩中，除了磷酸盐化的化石外，还有很多化石是硅化的。这是一个硅化得非常好的多细胞藻类，一个方格为一个细胞，方格边缘看似"凸起"或"凹下"的"田埂"状结构，就是硅化的细胞壁，也显示了这个多细胞藻类的细胞与细胞之间是共用细胞壁的。

20 μm

1.10   有一位学生想尝试胚胎化石研究

我在 2011 年招收了一位博士研究生，他对瓮安磷矿的胚胎化石特别感兴趣，之前甚至自费去了瓮安磷矿采集化石样品。到了南古所后，他的博士论文研究方向很自然地就是研究这些胚胎化石，作为指导老师的我，当然清楚这一研究课题面临的困难。那一段时间，国内外数个研究团队都在进行胚胎化石的研究，相继有很多成果发表在英国《自然》杂志和美国《科学》杂志上，要在他们已有的研究基础上有所突破，必须有新思路或新方法才行，否则，仅仅是重复别人的研究就是在浪费人力和物力。对学生的毕业论文设计，我们课题组有个规矩，不认你是博士生、硕士生还是本科生，在研究题目确定时，都会要求学生做新的探索，不去做跟踪和重复性工作。

我本人对瓮安磷矿中化石的研究，从 1987 年在学校做硕士论文开始，一直就是以磨制薄片的方式来寻找和观察化石的。虽然其他研究者，包括我自己也曾用过浸泡法获得了大量精美的化石，但我一直认为，磨片法获得的化石会含有更多的结构信息。前面已经提到，用这一方法获得化石的概率相

震旦圆圆茎

　　这是一类微管状化石，用浸泡或切片两种方法均可获得。该化石由薛耀松等人 1992 年命名，被认为与海百合茎类似。2000 年，肖书海等人对这类化石重新进行了解释，把它们与刺细胞动物化石进行对比，发现它们具有类似古生代"床板珊瑚"的隔板构造和分叉特征，认为它们可能代表了刺细胞动物早期动物演化的主干类群。另外，这类化石与寒武纪之后常见的一类化石——附枝藻（*Epiphyton*）有类似的形态。因此，这类化石的生物属性还不能完全确定，需要进一步研究。化石照片由刘鹏举提供。

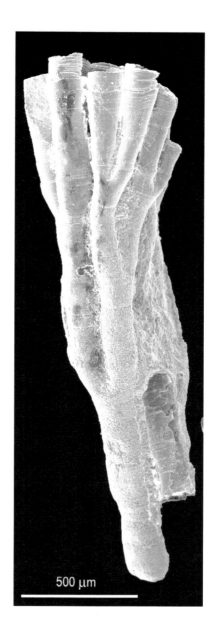

500 μm

对就小很多，我前前后后大概磨制和观察了近 400 个薄片，观察到这些化石主要为多细胞藻类、疑源类，具有分裂特征的球形胚胎化石数量较少，所以一直也没有很好地关注它们。

这位新招收的博士研究生，他想专门以瓮安磷矿胚胎化石为研究对象来撰写毕业论文，我当然鼓励他做自己感兴趣的研究，但要挑战一个已经很深入并存在很多争议的研究方向，谁都没有把握能否成功。我想了很久，建议他尝试用传统的磨片法来进行研究，也许会有突出奇兵的效果而有所斩获。根据我以往的经验，首先要到瓮安磷矿特定的地段和层位去采集大量的保存有很好化石的黑色磷矿石，第二步，是要磨制比我以前总共数量都要多的岩石切片，这样获得胚胎化石的概率就大一些。他在实验室制作了一千多个薄片，下一步就是要在光学显微镜下进行仔细观察了。他在本科所学专业是现代生物学，在岩石薄片中观察化石对于他还是第一次，要分辨哪些是生物结构、哪些是非生物结构（如矿物、沉积结构或重结晶等），刚开始时非常难。好在他学习认真、刻苦，大概在 3 个月后，就基本掌握了观察薄片和寻找化石的要点。

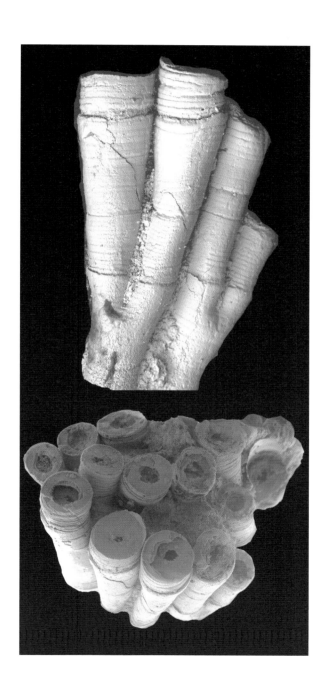

1.11　他在胚胎化石中发现了细胞分化的证据

　　其后，他在这一千多个薄片中观察到的球状胚胎化石有数百个之多，它们的大小、球体外部的装饰以及细胞的分裂方式都与以前报道的胚胎化石极为类似。但不同的是，其中有四十多个球状胚胎化石内部具有细胞分化为繁殖细胞和营养细胞以及细胞凋亡的特征。这些特征在以往浸泡出来的标本中从未见过。这些球状化石内部细胞分裂到数百个之后，出现了营养细胞和繁殖细胞的分化，而且繁殖细胞被包裹在一个囊壳内，一直在进行着细胞分裂和生长，细胞数达到了数百数千个。这些特点意味着什么？我们知道，通常情况下，生物体只有在成体之后才会有性细胞的分化，并为繁殖下一代做准备。而包裹在一个囊壳内的只有众多细胞组成的细胞团，并不处于类似动物幼体或成体的阶段，但在球体内部却出现了繁殖细胞的分化，这又表明它已经发育到了成体阶段。显然，这样的成年个体并不是我们所熟悉的动物成体。另外，在球体中，还发现了营养细胞主动死亡，把空间让给繁殖细

地衣化石

这是瓮安生物群中非常罕见的一类化石。在切片中，地衣的微结构显示它是由真菌（丝状体，蓝色箭头指示）和藻类（球状体，白色箭头指示）形成的共生体。藻类能够进行光合作用，为共生的真菌和藻类本身提供营养物质；真菌则吸收土壤中的水分和无机盐，以满足藻类植物生活的需要，同时，真菌的菌丝在环境干燥的时候，还对藻类的细胞起保护作用。在地质记录中，地衣化石非常稀少，以前报道的最早的地衣化石来自苏格兰约 4 亿年前的岩石。

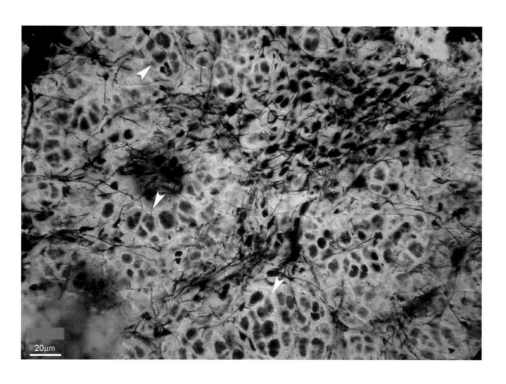

20μm

胞，这一细胞凋亡过程是多细胞复杂生物在发育过程中出现的一种基本生物学现象。

岩石薄片中胚胎化石新结构的发现给予了瓮安磷矿中的胚胎化石以新的认识，以前的文献中将其解释成节肢动物、腔肠动物、软体动物和海绵动物等动物的胚胎，以及团藻、中生黏菌虫、原生动物和硫细菌的说法都值得怀疑。从现在新发现的材料可以做出推断的是：这些胚胎状球形化石可以确切地归入有细胞分化的复杂多细胞真核生物。但是，它们没有可以直接进行形态对比的现代生物，毕竟这些是距今6亿年前的古老生物，很有可能已经绝灭了。该发现清晰地显示了在该时期，多细胞生物体内已经同时具有营养细胞和生殖细胞的分化以及细胞阶段性死亡的现象，这些特征为多细胞生物进行组织分化、器官分化以及形态多样性的出现（如其后埃迪卡拉生物群和寒武纪大爆发）奠定了生物学基础。这一重要发现2014年刊登在《自然》上。

　　地衣是改造陆地表面的先驱者，常被赞喻成不毛之地的"开垦者"和"先驱部队"，在其他生物不能生长的坚硬岩石上，地衣却能很好地成活。这种与生俱来的特殊本领，使地衣能够向坚硬的岩石索取营养，把不毛之地"开垦"成生命的乐园，使陆地形成能够适合其他高等植物生长的环境。

　　地球生命在 38 亿年前起源于海洋，在生命出现后最初的三十多亿年间，陆地上没有生命。陆生植物大约在 4.5 亿年前由某种生活在海洋中的藻类进化而来，在地衣和植物登陆之后，其他动物也相继登陆，经过亿万年的渐渐演变，陆地也变成了一个美丽的世界。

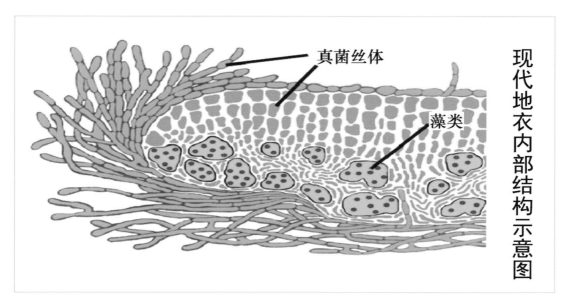

真菌丝体

藻类

现代地衣内部结构示意图

1.12　　胚胎化石还需要深入研究

需要特别说明的是，这些球体内部由繁殖细胞发育成的细胞团显然会释放出来，并产生新的生物体，再由这一未知的生物体在成熟时产生只含有一个母细胞的球状体，母细胞受精后进行连续的胚胎发育，这样才能完成该复杂生物的完整生活周期。

但是，由于化石保存的局限性，或者我们对已有化石的认识不够，抑或是磨制的1000片薄片数量还不够，还需要更多的新发现，应该说，我们现阶段对该生物的另外半个生活周期没有一个清晰的图像。

另外还有一点需要说明，上述对瓮安磷矿中胚胎状化石的认识，并不能涵盖所有的或未发现的具有分裂球特征的胚胎化石，也许这里面还包含了我们熟知的一些动物下的"蛋"。科学研究是严谨的，但也存在阶段性认识。无论是浸泡出来的还是在磨片中发现的胚胎状化石，正如前文对它们的埋藏过程所做的分析，化石如此之富集，是经过搬运并再沉积的结果，含化石的磷矿层在时间上高度浓缩，数米的岩石可能

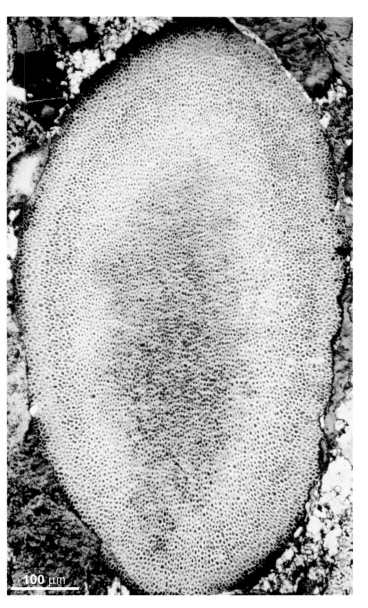

100 μm

原植体的多细胞结构

　　藻类的原植体(thallus)。这是多细胞藻体化石的二维切面，暗色圆形和椭圆形小点是细胞，它们都是营养细胞，没有细胞的分化，是多细胞藻类最常见的结构。

　　真核生物的多细胞化是早期生命演化中重要的一环。雪球地球事件之前的绝大部分真核生物都是单细胞，只有在真核生物多细胞化以后，才有可能发生细胞的分化，继而演化出不同的组织和结构。

是在数千万年间形成的，那就意味着，并不能确定这些胚胎化石是同一时代生活的生物留下来的产物。因此把获得的化石放在一个发育序列中，本身就存在较大的问题。除非有更多的特征，如球体外面就有完全一致或基本类似的外壳，否则，很难让大家确信这些球形化石来自同一类生物。

由此也可以看出，对瓮安生物群这一化石宝库，特别是对类似动物胚胎这样的奇特化石，还有很多未解之谜需要科学家去努力破解。

红藻的似精囊结构

这是一个原叶藻边缘的局部放大。边缘的细胞个体较小，排列紧密。下部的细胞向上生长变成深色的长圆形或棒状体，它们在形态上明显不同于下部和周边的营养细胞，非常类似现代真红藻类的精子囊群。

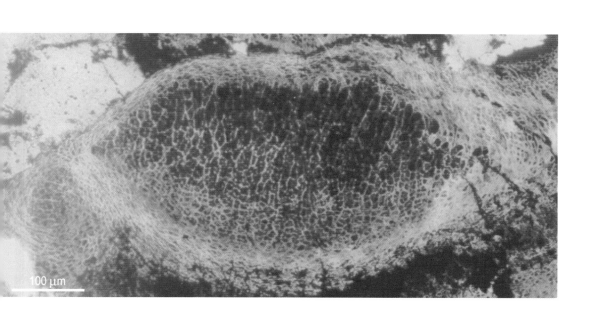

100 μm

1.13   6亿年前的瓮安也许是这样的

尽管目前对一些化石还存在认识上的分歧，但这并不影响瓮安生物群的科学地位，它为人类研究多细胞生物的起源，特别是早期复杂生物的内部结构提供了独一无二的证据。以往的一系列研究重塑了该生物群前生后世一连串的重要历史画面：

正在分裂的胚胎，发育中的有性生殖囊果和精囊，细胞分化为皮层和髓层的红藻，处于休眠期正等待萌发的浮游藻类囊胞，它们是生活在6亿年前温暖海洋中的生物的瞬间定格。操纵这一悲壮画面的"魔手"也许是来自深海中的一股暗流，它悄悄地靠近一群正生活在浅水中的海洋生物，暗流带来的缺氧水体瞬间把所有依靠氧气才能生活的生物都杀死了，它还附带了大量的磷酸钙，在数小时内把已经死亡的生物体进行包裹并渗透进细胞内。这样一来，原本都是活着的生物转眼间都石化了。海浪继而把这些石化了的生物遗体冲刷和搬运到一个浅海洼地，日积月累，这片洼地保存了大量的磷酸盐化的生物化石，之后地壳沉降，

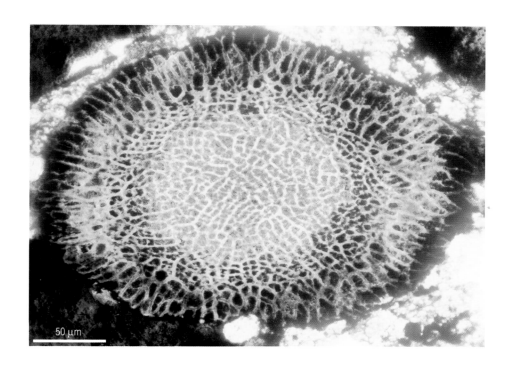

50 μm

具皮层和髓层分化的原植体

这是多细胞藻类的二维切面，暗色部分是细胞，中间的光亮部分是细胞壁所在的位置。从细胞的排列和大小情况看，该原植体明显分为两部分，外部细胞较大，呈"喷泉"状向边缘生长，称为"皮层"；中间细胞较小，称为"髓层"。

具有皮层和髓层细胞分化的原植体在现代多细胞藻类中很常见。这些细胞都是进行光合作用的营养细胞，没有本质上的区别，只是外围皮层的细胞排列比较紧密，对整个藻体起到一定的保护作用。

上面又堆积了新的沉积物，经过压实、脱水等一系列的地质过程变成了坚硬的岩石。如今，沧海变桑田，原来的那片海底洼地，就是现在我国贵州省的瓮安磷矿。

形态上与寒武纪之后的生物
最为相似的复杂多细胞生物群

第 2 章

庙河生物群

庙河生物群

是一个距今约 5.6 亿年，以底栖固着藻类为主的宏体复杂生物群。产于湖北三峡秭归县庙河乡，具体位置在西陵峡中段一个称为"牛肝马肺峡"的小峡口，紧挨着长江的一处陡壁之下。产出地层为埃迪卡拉系（震旦系）陡山沱组最上部的黑色页岩段。

知 识 链 接

碳质压膜化石：是植物（包括海洋中的多细胞藻类）保存为化石的一种重要形式。生物死亡后，被沉积物（如泥沙等）盖住，经过脱水、压实等一系列的成岩过程，原本富含有机质的植物（或藻类）就被压成了碳质的薄板或薄膜。除植物外，一些软躯体的动物在特殊的情况下（如缺氧的沉积盆地）也能以这种方式保存为化石。

2.1　金玉玕先生为我引见陈孟莪先生

1990 年 7 月，我毕业分配到现在的工作单位，主要从事前寒武纪的化石研究。这一研究方向可以说从大学期间直到现在都一直没有变过。记得到南古所工作后不久的某一天，金玉玕先生（后为院士，现已故）把我叫到他的办公室，要给我引见一位前寒武纪研究专家，说他在"开放实验室"（现在的现代古生物学和地层学国家重点实验室前身）有一个课题是研究庙河生物群，需要配备一位南古所的年轻人一起进行研究。

进了金玉玕先生的办公室，我才知道这位前寒武纪研究专家是大学时期就见过面的陈孟莪研究员，那年他带到北大的一块瓮安磷矿的黑色磷块岩把张昀老师和我带进了瓮安生物群的研究，现在，他又要把我带进庙河生物群的研究。见面后很快就约好了我们一起去野外采集化石的时间。

1991 年夏天，我们从开放实验室前寒武纪化石研究的首席科学家孙卫国研究员那里获得了用于庙河生物群的野外化石采集费用。我和陈先生约好

陈孟莪研究员在三峡庙河陡山沱组
页岩中采集化石（1991 年）

在宜昌会合。从南京到宜昌现在有高速公路，在一天之内就可以到达，高铁更快，只要半天时间，但在 1991 年，则需要 3 — 4 天，还要转车多次。相比之下，那时候的长江航运可以说是最火的了，船次也特别多，价格也便宜。从节省经费和舒适的角度考虑，我当时选择了乘船，三等舱，8 个人一个小房间。

现如今，这样集旅行和游览于一体、悠闲自在的长江轮船客运早已成为了历史。

98 小时后，船停靠在了宜昌码头。与陈先生的会合也相当顺利，随后我们改乘一艘小船，当天就去了上游的秭归县庙河乡。

5mm

奇异藻

　　该藻类化石不多见，当初陈孟莪等人命名时，就觉得该藻类形态很特别，因此将其命名为"奇异藻"。它最重要的特征就是藻体具一个明显的主枝，主枝上螺旋生长了很多细丝状侧枝，侧枝不分枝。螺旋排列的侧枝是该藻类的主要特点，形态上与现生褐藻门丝索藻（*Chorda filum*）和红藻门贝露维绒线藻（*Dasya baillouviana*）相类似。我们知道，二歧分叉是藻类以及陆生植物较为原始的分叉方式，而这种具有明显的主轴和侧枝的分叉生长方式相对就复杂很多，它们同时在庙河生物群的藻类中出现，很可能意味着，藻类的很多复杂形体和结构在 5.6 亿年前就已经出现了。

2.2　走两个小时的上山路才能到庙河生物群的发掘点

最后的野外工作落脚点是庙河乡一个紧靠长江边，名叫"柳林溪"的小村子。陈先生和我住在一户姓齐的人家，离长江非常近，只有五十来米，江边有一块足球场大小的草地，每天晚饭后都可以到草地上走走。现如今，"高峡出平湖"，这个村子已经完全被水淹没了。

柳林溪村地处西陵峡中段，自古以来，这里虽然不是中国最穷困的地方，但住着最辛苦的村民。三峡千峰万仞，道路极其难走，"蜀道难，难于上青天"，也许就是形容这里的

山路了。沿着长江的两岸，一直就有道路通向外界。山里的山民们就是依靠这些山路与外界沟通，他们每隔一两个月就要长途跋涉到外面去购买生活必需品，如盐、衣服和照明用的煤油等。在过去，紧挨江水还有一条纤夫道，是船夫拉纤的专用道，虽然一些路段已经废弃了，但很多石崖上还依稀可见蜿蜒的台阶。

我们挖化石的地点距离柳林溪村有 7 - 8 千米的山路，在一个当地人叫做"野猫面"的悬崖下。远远望去，陡峭的

崆岭藻

    该藻类化石与奇异藻一样，化石较少，但形态特殊。化石为二歧分枝的原植体，分枝可达 6 次以上，最大的特点是从原植体分枝的底部向上均匀变宽。这种原植体向上变宽的藻类在现生真红藻（florideophyte）中极为常见，如假黏胶藻属（*Pseudogloiophloea*）、鲜奈藻属（*Scinaia*）和乳节藻属（*Galaxaura*）都具有非常类似于崆岭藻的形态特征。

山峰上有一个巨大的灰白色滑塌面，日积月累，在滑塌面上零星生长着一些灌木丛，远远地望去，形似猫脸。山脚下就是我们每天的工作点，从柳林溪村出发到"野猫面"的庙河生物群化石点，大约需要两个小时。

化石集中产于埃迪卡拉系陡山沱组顶部厚约 4 米的黑色碳质页岩之中。这层页岩与我们常见的页岩不太一样，硬度较大，原因是它在埋藏之后还经历了地下水带来的硅质的渗透和改造，是硅化了的页岩。从这样的页岩中敲出化石是需要有一定的经验的。敲化石的常用工具就是一把榔头，但要想在硬度比较大的页岩中剥离出很完整的化石，还需要另外一样工具，那就是木工用的刨刀。刨刀刀口异常锋利，可以沿着页岩窄小的层间缝隙辟出较大较完整的新鲜层面。当然这也需要借助榔头的敲打。这些都是陈先生数十年敲化石敲出来的经验，也可以说是他发明的专利。从这些页岩中剥离出来的化石非常醒目，岩石背景是黑色的，化石体很多呈黄褐色，即使你眼神不太好，也能一眼就看出化石来。

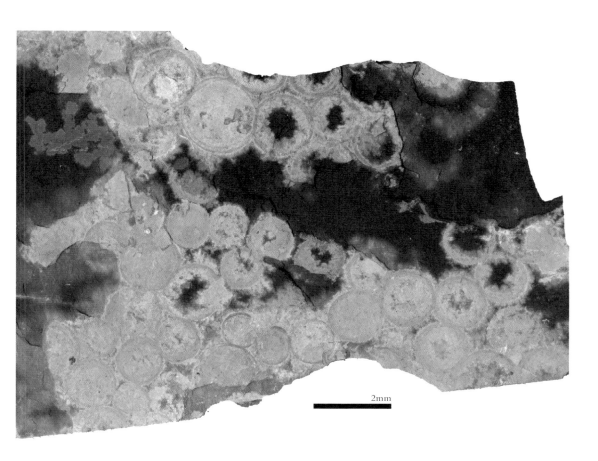

2mm

伯尔特圆盘

　　这是圆形碳质压膜，常保存有同心的褶皱，亦可见较明显的加厚边缘，多呈群体产出。单个圆形体直径在 8 — 40 毫米之间。未压扁以前的原始形态可能是具薄壁的圆球体。群体形态保存的圆形体没有互相压叠的现象，表明它们在生活时可能是固着生长的，同时保存完好的圆形外形指示压扁前的球体外壳具有一定的硬度。现生绿藻中具有类似形态和大小的属种可以与之做比较。一些学者从这些圆盘状化石中分离出来了丝状体，并通过分子标志性化合物的分析，认为它们是丝状蓝藻的聚合体。

2.3　这些化石都是肉眼可见的宏体化石

庙河生物群中的化石基本都是肉眼可以看见的宏体化石，在这4米的黑色页岩中，最多的是一类二歧分枝呈"Y"字形的碳质压膜化石，名字叫做庙河藻。部分化石上还具有看上去像"豆荚"一样的结构，经过详细研究发现，这一"豆荚"状结构非常重要，它与现生褐藻门墨角藻的生殖窝相比具有很多相似的形态特点，几乎可以认定这类化石是某种褐藻的生殖枝。这也是迄今为止，发现的最早的褐藻化石记录。

我们知道，现生肉眼可见的海藻主要是三大类群：红藻、绿藻和褐藻。从藻体的结构来看，褐藻属于最复杂的类型，有类似"根、茎、叶"的分化，有的具有气囊构造，可协助藻体漂浮在海面上，内部组织则有表皮、皮层及髓部之分化，体型普遍较为粗大，可长至60多米长，大量繁殖时形成海洋森林或藻海。与褐藻相比，另外两大门类，红藻和绿藻的结构就简单一些。因此进化生物学家普遍认为，褐藻在地质历史时期很可能比红藻和绿藻出现得要晚。庙河生物群中出现

庙河藻

图 1 是原地保存的标本，图 2 是通过浸泡从围岩中分离下来的标本。照片由肖书海提供。

庙河藻是庙河生物群中最常见且存在最多的化石，是庙河生物群的优势种。其个体较小，通常需要借助放大镜才能看清楚。较为完整的化石为 "Y" 字形的碳质压膜。肖书海等人对该类化石进行了详细的研究，认为化石中保存的瘤状结构为生殖窝，与现生褐藻门的墨角藻属具有很多相似的形态特点，由此把该化石归入褐藻门。这也是迄今为止发现得最早的褐藻门的代表分子，表明褐藻类在 5.6 亿年前就已经起源了。对于该类化石需要说明一点，它不是一个完整的藻体，应该是某类丝状藻类在生殖季节，一些营养枝上长出的生殖枝，这些生殖枝在成熟后才脱落下来。

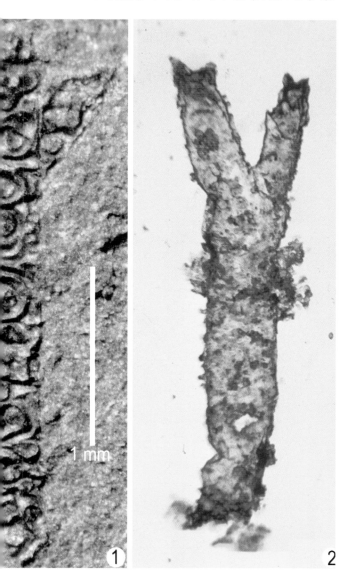

1 mm

1

2

了褐藻，也就意味着，现今海洋中的三大复杂宏体藻类已经在 5.6 亿年前就起源了。

庙河生物群中的宏体藻类类型多样，除了庙河藻以外，还有聚球藻、奇异藻属、棒形藻、陡山沱藻、拟浒苔、管球藻、崆岭藻、柳林碛带藻、长索藻、中华细丝藻等。也有一些化石被不同的学者描述为动物化石，如九曲脑虫、原锥虫、震旦海绵、伯尔特圆盘、杯状管、僧帽状管、八臂仙母虫等。

当然，这些所谓的动物化石的可靠性还是值得商酌的。但是，其中的八臂仙母虫形态独特，化石呈现出椭圆的盘形，大小类似于一元人民币硬币，有 8 条侧缘平滑、呈螺旋状向外辐射的旋臂，藻类中没有见到如此复杂的身体构型，几乎可以肯定它属于动物化石。该化石的原命名不是来自三峡庙河生物群中的化石，而是来自贵州江口县所产出的化石。有趣的是，在三峡发现了庙河生物群之后的十多年，2004 年前后，古生物学家在贵州江口也发现了很多类似三峡庙河生物群的化石类型，并且产出的层位也非常一致，因此他们把这个化石组合归入庙河生物群，这也意味着这个时期的宏体复杂生物有一定的迁移，且有地

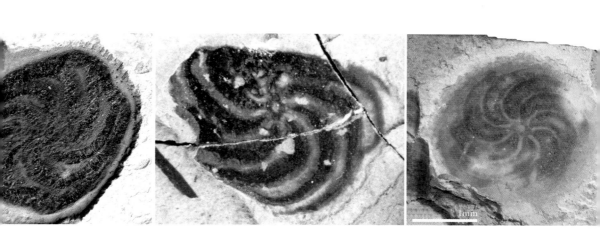

八臂仙母虫

　　这是一类体型奇特的宏体化石，由 8 个完全相同的旋臂组成。上面 3 张图片中均为化石。在庙河生物群研究的早先著作中，这类化石被描述为遗迹化石，但从其复杂的结构和化石体为有机质保存来看，应该属于实体化石。图中的化石产自贵州江口与庙河生物群相同的层位。

理上的分布。八臂仙母虫是江口化石组合中的典型分子之一，虽然化石数量相比其他宏体藻类化石要少很多，但它所具有的特殊复杂结构格外引人关注，研究程度相对较深。其实，翻开以往的文献可知，类似八臂仙母虫的化石很早就在三峡被发现了，只是当时的学者们把这类化石看成是遗迹化石了。八臂仙母虫在澳大利亚埃迪卡拉生物群中也有发现，只是澳大利亚的化石保存在砂岩中，没有有机质保存，而贵州江口和湖北秭归的化石保存在页岩中，所含的碳质成分特别明显。

庙河生物群中还有一类奇特的圆盘状化石，叫做伯尔特圆盘，这类化石早年是在俄罗斯地台跟三峡相当的地层中发现的。它们是一些圆形碳质压膜，常保存有同心的褶皱，多呈群体产出，单个圆形体直径在 8—40 毫米之间。上述的这两类圆盘状化石都被解释为类似于腔肠动物的水母。

杯状管也是一类较为可靠的动物化石，化石为具环纹的带状碳质压膜。该化石最大的特点就是具有加厚的环带，长可达 70 毫米，宽 3—10 毫米。环纹间距 2—6 毫米，环纹本

此图为八臂仙母虫的复原图。化石
照片和复原图由唐峰提供。

身宽 1 — 2 毫米。这类带状体在压扁前可能是一个阶段性生长的有机质管，形态上与某些现生腔肠动物的栖居管非常类似（如环形史狄芬管），而在现代的多细胞藻类中很难找到具有类似生长方式的属种来进行形态对比。

环纹杯状管

　　这是具环纹的碳质压膜带状体。这类带状体在压扁前可能是一个具有阶段性生长的有机质管，形态上与某些现生腔肠动物的栖居管类似（如 环形史狄芬管 "*Stephanoscyphus*" ），而在现代的多细胞藻类中很难找到具有类似生长方式的属种来进行形态对比。

5mm

2.4 可靠的动物化石少，主要是藻类

从化石采集的总数量看，庙河生物群中类似动物的化石非常有限，最多的标本还是典型的宏体藻类，类型也较多，有宽度较大的棒状藻类，也有细丝状的，有分叉的，也有不分叉的。陡山沱藻就是一类具有典型二歧分叉的丝状藻类。保存好的藻类标本都具有固着器，形态类似于陆地植物的根，但在藻类中只起到固着不动的作用，没有吸收营养的功能。这些固着器在棒形藻中很常见，藻体底端的固着器呈须根状。对这个固着器的认识，在庙河生物群的早期研究中还有一个有趣的插曲。我们知道，藻类的一些特征非常明显，例如，当你看到具有分叉的带状或丝状体，向分叉的末端逐渐变宽，而没有其他的特殊结构时，这样的化石通常都可以鉴定为宏体藻类；如果带状体或丝状体不分叉，又没有其他特殊的结构，我们一般也认为它们属于宏体藻类；但如果有其他的结构，如环纹、褶皱等，我们就要考虑它们是否有属于动物的可能了。棒形藻虽然没有环纹和褶皱，但有一段呈发须状的

2mm

陡山沱藻

　　该类化石最初是由陈孟莪等 1991 年命名的，后来在蓝田生物群中也发现了很多形态极为相似的化石，应该都是陡山沱藻，对它们在"蓝田生物群"一章中进行了详细讨论。化石整体形态呈丛状，含多根丝状藻体，单个丝状体多次二歧分叉向上生长，使整个藻体呈下窄上宽的形态。这是一种典型的藻类，现代很多多细胞藻类都有类似的形态。

固着器，这一结构有时候会迷惑研究者，放在下端就是藻类的固着器，倒过来看，就会误认为是动物的触手。有学者早些年就把棒状藻解释成带触手的动物。

这里要提醒大家，特别是一心想在古老岩层中寻找更古老的动物化石的研究者，无论是藻类或动物（如腔肠动物的水螅体），在向上生长的过程中，身体都会变得越来越宽大，如果这些发须状结构连接着细小的一段，那通常都是固着器。如果在宽大的一段看见类似的结构，就要进行仔细分析，例如，

细小的另一端是否具有固着器。另外，一般来说，动物的触手数量有限，大小都基本一致，而只具备固着功能的固着器的须状体就没有那么规则了。

庙河生物群中还有一类特殊的化石，称为"震旦海绵"，这类化石数量也很多。从名字就可以看出，命名者认为它们属于海绵化石。海绵动物是一类营底栖固着生活的多细胞动物，没有明显的胚层结构和组织分化，是最古老且最原始的后生动物类群之一。在寒武纪早期，海绵动物与其他海洋无脊椎动物一样，同时发生了大

棒形藻

图 1 为完整的标本。

5mm

①

辐射，特别是普通海绵纲和六射海绵纲，在寒武纪底部的岩层中保存了大量的化石记录。

比寒武纪这些典型的海绵化石要早上 1000 万年的"震旦海绵"是否就是真正的海绵呢？当然，作为最原始的多细胞动物，它在这个时代应该已经出现了，根据分子钟的推测，海绵动物与其他后生动物应该在 7 亿年前或更早时期就已经起源，在震旦系陡山沱组的岩层中寻找到海绵化石是有可能的。但问题是应该如何判断这些化石的可靠性。寒武纪早期的海绵化石是容易辨别的，虽然很多

化石是以离散的骨针形式保存下来的，但大部分具有如中轴和生长纹等典型的海绵骨针的微细结构。另一类化石是以海绵个体的形式保存下来的，除了个体中有很多骨针外，其整体形态也非常典型。

如果以寒武纪早期的海绵化石特征作为判别庙河生物群中类似海绵化石的标准，则可以认为，那些前寒武纪发现的"海绵"化石证据都可能要受到质疑。

"震旦海绵"是在页岩表面以碳质压膜形式保存的宏体化石，它们之所以被鉴定为海

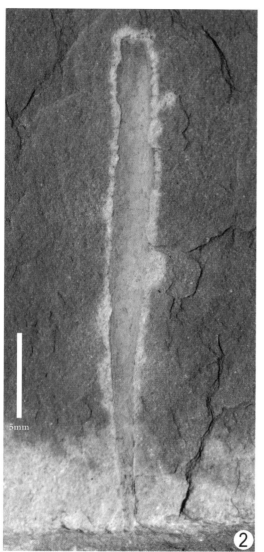

图 2 是只保存了上部原植体的标本，图 3 是只保存了下部固着器的标本。

在庙河生物群中较常见的化石。保存完整的化石有数厘米长，下面具有固着器，上面的原植体呈棒状，向上逐渐变宽。这类化石当初被部分学者描述为动物化石，原因是刚开始发现的标本较少，且把它们倒过来看了，把根须状固着器看成是类似于水螅类的触手。该藻类没有保存可供进一步分类的特别结构，因此，除了可以肯定它们属于多细胞藻类外，并不能确定具体属于红藻、褐藻或绿藻中的哪一类，这三大类现生的多细胞藻类都有外形相似的种类。

绵化石，主要依据是碳质压膜上保存了丝状结构，与现代海绵的海绵丝相类似。但是，对这些丝状结构的解释并不具有唯一性，它们也可能是藻类本身的丝状体；一些粗细并不均匀的丝状体结构，也有可能是较薄的片状藻体（如现生的绿藻）在死亡解体过程中形成的收缩和折叠结构。尽管如此，它们虽然没有显著特征的矿化骨针保存，但并不能排除它们是海绵的可能。例如，现代普通海绵纲中就有很多种类的骨架是由非矿化的海绵丝组成的，其体壁和体内都没有矿化的骨针。另外，按照生物演化的观点，早期海绵与其他后生动物一样，在生物矿化发生以前应该有一段非矿化的演化史，也许那个时期的海绵动物还没有演化出具有矿化的骨针。

由于缺乏更多的形态学证据，现阶段对这类化石的亲缘关系还不能得出唯一的结论：是藻类抑或是海绵。

5mm

震旦海绵

这是碳质压膜带状体。带状体具有不规则排列的横向皱起或凹槽，这些横向结构多交叉形成网状结构。碳质压膜一端具固着器，向上逐渐变宽。它们生活时可能呈管状体，不规则排列的横向和网状结构可能是有机质管壁本身具有或在保存之中形成的褶皱。从亲缘关系来看，虽然这类管状体并没有矿化的海绵骨针保存下来，但并不能排除它是不具有矿化骨针的早期海绵化石。另外，腔肠动物和一些绿藻（如粗枝藻目 "Dasycladales"）也有类似的管状结构。因此这类化石的亲缘关系有待进一步讨论。

2.5　三峡很穷但很美

1991 年夏天的那次野外工作持续了两个星期，采集到的化石异常丰富，为后来的研究积累了重要的第一手材料。这是我工作后第一次去野外采集化石，也是第一次来到庙河生物群的产地，自己采集的标本带回去自己研究，劲头更足、责任感更强。因为山路难走且耗时过长，每天走到工作点都很不容易，觉得应该多采集些标本才值得。我和陈先生每天都起早赶路，摸黑收工。虽然工作比较辛苦，但每天都能采集到很好的化石，在满载而归之际，还能欣赏到三峡的美妙，心情也格外的好。

夏天的西陵峡一到傍晚就起雾，轻纱笼罩着江面，落日的余晖在群峰的背面慢慢淡去，原本高高低低翠绿的山坡已连成一片墨黑。在缥缈和浑厚之间，奔腾的江水一如既往地敲打着两岸的峭壁，月亮偶露于云缝。雾中渐渐隐去的群山里，亮起了零星灯火，三三两两的狗吠声，划破了宁静的夜幕。江边的古栈道上，偶遇背着沉甸甸的藤荚而步履蹒跚的农夫。情景交融，让人不禁感慨

庙河生物群产出位置（红点所
示位置）

万千，怅怅然，做打油诗，聊发少年愁："雾沉江面山墨黑，犬吠深山云中月；夜半更深纤夫道，背莱农夫不得歇。"

这次野外工作计划要20天，但实际两周时间就结束了。不愿久留的主要原因是我不太习惯长期吃土豆，早晚饭的主菜是炒土豆片，中午带上山的饭盒中是炒土豆丝。可以说，土豆是当地最重要的食物了。山区属于岩石地貌，土壤少、雨水保持差，农民是靠天吃饭的。只有土豆这样比较耐干旱的农作物才能很好地生长。即使是现在，土豆也是当地最普遍种植的农作物，人畜均可食用。

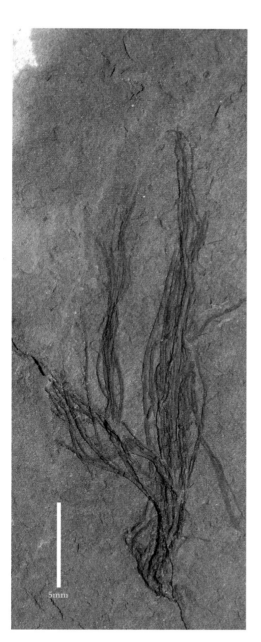

5mm

拟浒苔

这是不规则二歧分枝的丝状体，分枝最多可见 6 次，完整标本保存了固着器。丝体均匀或向顶端微变细。多数丝体为立体保存，表明其生活时可能具有较硬的外壁。这种藻类与陡山沱藻的种类在形态上相近，主要区别在于藻丝体的宽度和分叉之间的间距不同，当初该类型藻类的定名者运用了与现代属种相对比的方法，把它与现代绿藻门的浒苔类（Enteromorpha）进行了形态对比，并命名为拟浒苔属（*Enteromorphites*）。但从现代浒苔的结构上来看，藻体多由单层细胞组成的膜状管或片状膜组成，并且大多数种类不具有规则的二歧分叉，这类膜状组织在岩层中以凹坑和突起的形式保存。因此，它可能不是绿藻。从形态上看，它与现代红藻和褐藻的某些种类更为接近，如红藻门的中国海膜藻（*Halymenia sinensis*）和褐藻门的东方罗色文藻（*Rosenvingea orientalis*）。

2.6　与肖书海一起采集庙河生物群化石

1994 年夏天，我和肖书海（现在是美国维吉尼亚工学院教授，当时在哈佛大学攻读博士学位。我们俩都是张昀老师的学生，也是从 1985 年开始至现在的长期合作伙伴）再次来到三峡采集庙河生物群化石，也是住在柳林溪村。对于研究者来说，好化石不嫌多，一些重要的结论需要更多的保存精美的化石来证明。上文中提到的最早的褐藻化石在这次做为重点采集对象。野外工作相当地顺利，获得了数百块保存完好的褐藻化石标本，同时也发现了一些新类型的化石。

这次出野外吃住跟上次一样，吃的食物主要还是土豆，既当粮也当菜。一个星期后，我们俩都一致认为需要改善一下伙食，就跟房东提出要求，请他帮忙弄点肉吃。柳林溪村地处西陵峡中段，离柳林溪村最近的外面的"大城市"就是下游的茅坪镇了，到茅坪走山路来回是 60 华里，早晨出发，傍晚才能赶回来。房东说，这样的三伏天，从茅坪镇买点肉回来很可能就不新鲜了。

没有办法，这地方有钱都买不到想要的东西。有一天清晨，偶尔听到一声公鸡的打鸣，

似僧帽管

这是大型囊（或带）状碳质压膜，可见不规则分布的碳质横纹，长可达 150 毫米，宽 10 — 30 毫米。这类生物生活时应是底栖固着的管状或囊状体，生物体也许中空或者一端有开口。一些现代的海绵具有类似的外形，但在这类碳质压膜中从未发现海绵骨针结构；在现生的多细胞藻类中也有类似外形的属种，如绿藻门的鲍氏莱属（*Bornetella*）和法囊藻属（*Valonia*），以及红藻门的囊海藻属（*Halosaccion*）都具有囊状或管状的外形。因此，到目前为止，对这类化石的亲缘关系还不能给出一个有倾向性的意见。

突然来了灵感，立马就问房东能否买只鸡。我知道肖书海一般是不吃鸡的，但也没有预先跟他商量。房东说："山区有很多黄鼠狼，鸡很难成活，何况人吃的粮食都少，哪能再养鸡。这是人家打鸣的公鸡，肯定不会卖的。"既然这样，我也没多说啥。当天，我们跟往常一样到剖面采化石。傍晚回来，惊奇地发现房东正蹲在门口杀鸡，他看到我们非常兴奋，说是江对面半山腰那家的打鸣公鸡，他给买回来了，并啰嗦地说了很多如何说服人家才卖的话。这时候，我突然意识到一个非常严重的问题，就是肖书

海他说过是不吃鸡的。"书海，咋说，你今晚继续吃土豆？"说实话，虽然是老朋友，但我还真是不好意思。"鸡，其实我也吃，只是不愿意啃鸡骨头。"好吧，我们放下化石标本，就等着一周以来第一次开荤了。庙河乡柳林溪村属于湖北省秭归县，这里做菜的方法类似四川，一口大铁锅架在柴火上慢慢炖。鸡是只老公鸡，需要炖的时间相对较长，不一会，夹杂着辣椒的鸡肉，香味慢慢散发出来了。快熟了的时候，锅里还是免不了要放上一些土豆块作为主食。房东搬来了凳子围着大铁锅坐，我们正准备开

1mm

吃的时候，突然两位大汉推门进来，每人手里拎着两瓶啤酒。这时候，房东急忙迎上去，并给他们让座，跟我们介绍说，这是庙河乡的乡长和书记，听说你们是来自美国哈佛大学和中国科学院的客人，今晚是特意来陪你们喝酒的。我们也表示非常感谢和非常欢迎。这样七八个人围着火锅，边吃边喝边聊，期间，房东又向锅里添加了很多土豆块。最后，大家都尽兴而归。

山区的老乡热情好客，我们称为"基本群众"，是我们常年在山区能够顺利进行野外工作的保障。可以说，没有他们的帮助，2011 年，我们在三峡就发现不了埃迪卡拉生物群。这是后话。

庙河生物群也是一个特殊埋藏的化石生物群，化石类型主要是底栖固着的多细胞宏体藻类，沉积环境应该属于碳酸盐岩台地上的较深水区域。它与澳大利亚、西伯利亚等地的典型埃迪卡拉生物群产出时代基本一致，但很可能是由于水体较深，迄今只发现了八臂仙母虫这一类典型的埃迪卡拉生物群分子，其他的类似管栖动物和海绵化石的生物属性还需要进一步深入地研究。

第 3 章

蓝田生物群

迄今发现的最古老的
复杂多细胞化石生物群

9

8

蓝田生物群

蓝田生物群

产自中国安徽省休宁县蓝田镇埃迪卡拉纪蓝田组黑色页岩之中，化石以碳质压膜形式保存。它是迄今发现的最古老的宏体真核生物群，时代限定在距今 6.35 亿 — 5.8 亿年之间，早于以往报道的所有埃迪卡拉生物群。该生物群不但包含了扇状、丛状生长的海藻，也有具触手和类似肠道特征、形态可与现代腔肠动物或蠕虫类相比较的后生动物。现已发现 24 种不同类型的多细胞藻类和动物化石，它们生活在水深 100 — 200 米之间的静水、有氧的海洋环境中。蓝田生物群是地球早期微体真核生物向多细胞宏体真核生物演化的重要环节，显示了在新元古代雪球地球事件刚刚结束后不久，形态多样化的的宏体真核生物，包括海藻和后生动物，就发生了快速辐射。

知识链接

雪球地球事件：发生在新元古代的冰川事件。距今 7.3 亿— 6.3 亿年，也是地质历史时期最为寒冷的时期，整个地球都被冰雪覆盖，全球平均气温达到 −50℃，赤道地区达到 −20℃（与现在的南极地区相似）。雪球地球事件的发生、发展和结束对地球表面环境及生物演化都产生了巨大影响。

休眠期囊孢：通常指一些微体的真核生物（绝大部分属于真核单细胞的生物），在环境不利于生存时或处于生殖期时产生的不具有明显生理活动的"囊状体"。通常情况下，它的外部具有较为厚实或不易破坏的外壁。在条件适合时，里面的有机体会破壁而出，形成新的个体，如现代的沟鞭藻。

3.1　再次得到陈孟莪先生的指点

我与蓝田生物群的不解之缘要从 1994 年开始说起。

那年夏天，还是那位带我走进瓮安生物群和庙河生物群研究的陈孟莪先生，在他的指引下，我和肖书海第一次来到安徽省休宁县的蓝田镇进行蓝田生物群的化石采集。

蓝田镇位于休宁北部，屯黄、际儒、兰白旅游干线穿境而过，交通便捷。与黄山、宏村镇和西递镇世界文化遗产以及国家级道教圣地齐云山接壤毗邻。蓝田镇两边是大山，中间是流向新安江的休宁河，夏天水量充足、清澈见底。我们俩住在蓝田镇的一个小旅馆，早上洗漱、晚上洗澡都在这条河里。作为地质古生物工作者，每天的工作就是带着榔头到山边露出的石头中去敲化石，午餐是在附近树荫下吃带来的葱油饼，下午接着工作。由于皖南山区植被覆盖率高，露出的岩石较少，当时的工作效率并不是很高，一天下来也敲不到几块好化石。尽管如此，以前老前辈们报道的一些典型的化石，如扇状和丛状藻类化石，这一次也都采集到了。但是，

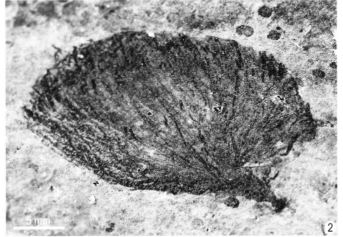

安徽藻

图 1 为顶压保存标本，图 2 为侧压保存标本。

丛状藻丝体化石。最早由陈孟莪等人 1994 年命名。藻体由众多不分叉的丝状体组成，底部具有固着器。顶压保存时为圆形或椭圆形碳质压膜（图 1），侧压保存时为丛状或扇状（图 2）。这种形态的丝状藻类在现生的红藻、绿藻和褐藻中都有类似的参照物，因而在没有发现一些特殊结构时，很难将其归入其中的某一类。

由于发现的化石数量有限，保存状态较差，也没有发现新类型的化石，再加上当时对这些化石的科学意义认识不够，所以也就没有接着进行深入的研究。

陡山沱藻

图 1 为侧压保存标本，图 2 为顶压保存标本。

这是一种典型的藻类化石。该类化石最初由陈孟莪等人 1991 年根据庙河生物群中的化石命名。化石的整体形态呈丛状，侧压标本呈扇状（图 1），顶压标本呈圆形(图 2)。含多根丝状藻体，单个丝状体多次二歧分叉向上生长，使整个藻体呈下窄上宽的形态。现代很多多细胞藻类（包括红藻、绿藻和褐藻）都有类似的形态。其实，这一形态对于藻类的生存和演化具有很重要的意义。二歧分叉使藻体呈向上变宽的丛状是该个体为了占据更大的生存空间和资源采取的一种策略，分叉也是藻类常采取的繁殖策略之一，现代很多藻类在繁殖时分化出繁殖枝，专司繁殖功能，另外，向上变宽的体型在"扇形藻"中也可见到。从生物演化的角度来看，植物（包括多细胞藻类和陆生植物）的很多基本形态和特征在蓝田生物群中就开始出现了。

5 mm ①

5 mm ②

3.2 标本和科学意义都挖掘得不够

1995 年，我赴加拿大蒙特利尔大学地质系做访问学者，其间不仅接触到了古生物学的前沿知识，而且也拓宽了眼界，意识到早期生命研究在中国大有可为。1997 年，回国没多久，我再次来到蓝田，希望能在这里采集到更多、更好的化石。这次除了自己用榔头敲化石外，还请了当地的农民帮忙清理剖面上的杂草，把挖出来的石头运到开阔地带进行化石剥离，这样，大大提高了工作效率，采到的化石也比第一次更加丰富。回到南京后，我和同事们对这些化石进行了较为详细的研究。由于在国外期间有一段科研经历，也收集到了有关的文献，所以这次我把研究成果整理成了英文论文，并在 1999 年发表在国外的学术刊物上，对这个化石生物群进行了简单的属种报道。由于这篇论文当时没有对这一化石生物群的科学意义进行深入的阐述，因而也没有引起国际早期生命学者太多的关注。

其实，在之后的近十年中，我的注意力主要集中在"瓮安生物群"的研究上。如前文所述，

多种化石类型的生物群落

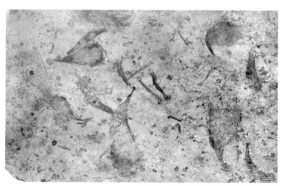

　　除了单一物种组成的居群外，蓝田生物群中有很多岩层上同时保存了由多个类型化石组成的群落。这些群落主要由扇形藻、黄山藻和陡山沱藻组成，扇状的是扇形藻，丛状体是黄山藻，分散的丝状体是陡山沱藻。这样的大板面原位保存的化石群落是了解生物群总体面貌最重要、最珍贵的化石材料，它们栩栩如生地、真实地再现了生物生活的场景。

我和同事们相继发现了很多重要化石，比如，最古老的地衣化石、最古老的腔肠动物化石、最早的珊瑚藻类化石等。当然，丰富的胚胎化石也一直是我们关注的重点之一，但是，十年中，我们却始终没有找到与胚胎化石相关的成虫化石，也就是说，没有在瓮安生物群的产出层位找到下这些"蛋"的"鸡"。

蓝田生物群的野外挖掘

化石挖掘是一项需要耐心的长期细致的工作，不要指望一榔头下去就能有惊人的发现。我们已经对该生物群进行了数年的挖掘，虽然已经获得了很多好的化石，但还是觉得挖掘得不够。其实世界上一些重要化石群（如寒武纪的波尔吉斯动物群等）的挖掘和研究工作可以持续百年以上。

用木工用的刨刀劈开石头，寻找化石

就蓝田生物群而言，一方面，类似动物的珍稀化石数量有限，还需要有更多的结构保存得更好的化石用来研究它们的属性。另一方面，蓝田生物群是一个由底栖固着生物为主体组成的化石生物群，化石基本都是原地保存，没有经过水动力的搬运而富集，因而在一个地方挖掘就只能收集到本地生活的类型，在其他地方也许就有不同的类型存在。这就要求挖掘工作不但要换层位，更要换地点，这样才能更全面地了解当时生活着的生物的总面貌。

3.3　心中一直想着瓮安生物群中下"蛋"的"鸡"是啥样的

直到 2009 年秋天，事情出现了转机。这一年，中国古生物学会年会在南京举办，会议期间，我与课题组的周传明博士、陈哲博士等几位从事早期生命研究的同事一起聊天，谈起在瓮安生物群中十多年都没有发现留下这些胚胎的动物，难道还要把这个问题留给后面的年轻人去解决？都认为：大家还是要想想办法！问题往往出在"不识庐山真面目，只缘身在此山中"。能不能换个思维，这些下"蛋"的"鸡"会不会并不在那里生活？！就像在

许多有恐龙蛋保存的地方却几乎没有恐龙骨骼被发现，而有恐龙骨骼保存的地方却没有恐龙蛋一样，也许适合瓮安生物群胚胎化石保存的环境并不适合这些下"蛋"的"鸡"的生存，它们的成体生活在相对较深水的海域？

沿着这一思路，我和周传明几乎异口同声地说："我们再去皖南蓝田！"蓝田地区有与瓮安生物群时代相当的岩石，只是水体要相对深一些，会不会有动物生活在那里？就像澳大利亚大堡礁现代珊瑚虫一样，

扇形藻居群

多个扇形藻化石原地保存在同一块页岩表面。它们显然是同时期生活的化石生物，具固着器，底栖固着生长。它们的大小和形态基本相同，应该属于同一种藻类。根据现代遗传学和居群生态学知识判断，它们很可能是有性繁殖产生的同一世代居群。有性繁殖的出现使得生物的遗传物质变异更容易发生，这应该是早期复杂生物多样性出现的重要原因之一。

到了繁殖季节，整片海洋的上层水体中都漂浮着珊瑚虫释放出来的繁殖细胞。在蓝田地区，埃迪卡拉纪的海洋中是否也生活着类似珊瑚虫那样的底栖固着动物，它们在繁殖季节下的"蛋"会不会从深水飘到比较浅的地方再沉积下来？比如类似瓮安生物群的沉积环境中。

当然，从现代地理位置上看，贵州瓮安与皖南蓝田有千里之遥，在埃迪卡拉纪它们也相隔甚远，当时蓝田地区即使有动物生存，也不可能把它们的胚胎运移到瓮安地区。但这种思路告诉我们，也许距离瓮安生物群不远，当时也存在着一个较深水的区域，那里也生存着底栖固着的动物，只是现在的瓮安地区没有保存下来那种深水环境下形成的岩石而已。

环链状化石

该类化石 1976 年发现于俄罗斯的埃迪卡拉系"白海生物群",属于埃迪卡拉生物群化石,学名为"奥尔贝串环",为碳质圆环链状排列形成的串链状的集合体。大多数标本以二维的碳质压膜的形式保存在页岩表面,少数标本以三维立体的碳质壁延伸到页岩内部。组成串链的单个圆环直径约 1 毫米。它的生活状态应该是匍匐表栖于沉积物表面或一半埋在沉积物中。从体型结构看,这类化石属于典型的埃迪卡拉化石,生物体由重复出现的模块组成。生物属性未知。

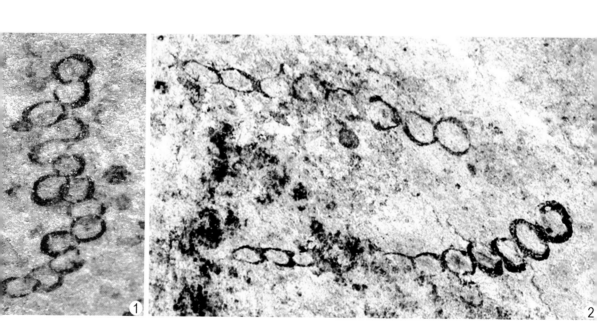

3.4　带着明确的科学目的，再次回到皖南蓝田

2009 年秋天，我们团队再次回到蓝田，与前两次来的情形不同，这次我们是带着明确的科学目的重返故地。此时，我们得到了科技部 973 项目、国家自然科学基金和中科院创新项目的大力支持，科研经费有了保障，团队成员也都有着更加丰富的研究经验。

科学研究中经常会出现看似有"好运气"的时候，蓝田生物群的新发现也不例外。带着寻找下"蛋"的"鸡"这一明确的目标，在蓝田地区开展大规模化石挖掘时，刚开始还只是在原来的剖面，也就是前辈们第一次带我们来的地方继续挖掘。这是一段紧靠屯黄公路的地质剖面，由于路边取石数量有限，我国公路管理法规也不允许在公路边大规模挖掘，这样缩手缩脚地工作，很可能会无功而返。这时候，我想到公路的河对岸村庄山坡上也有类似的地层出露，那里视野开阔，也许可以进行大规模的化石挖掘。

新地点的发现还有一段小插曲，那是在 1997 年夏天，我第二次到蓝田去采集化石。当

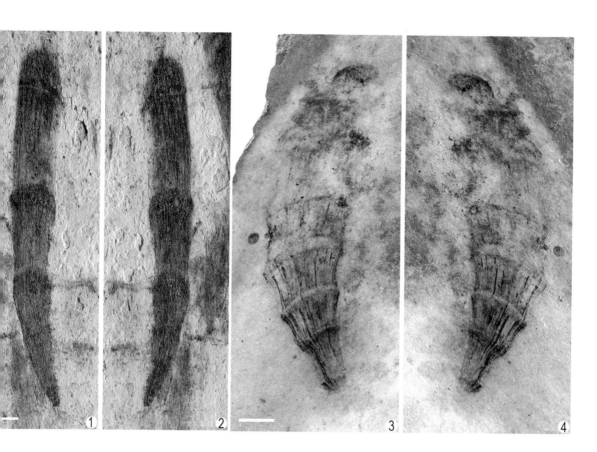

海绵状化石

图 1 和图 2、图 3 和图 4、图 5 和图 6 分别为同一块化石的正负模，图 8 为复原图。

扇状碳质压膜化石。具有纵向和横向的丝状结构并形成骨架，纵向与横向的丝体相交处形成节状的突起。底部保存较为完整，一般呈钝圆形，顶端丝状体参差不齐，与锥体上的丝状结构相连接。

时请了当地农民帮忙挖石头，工作了几天后，大家也熟悉了，其中一位老乡非常热情，觉得大家中午在路边吃冷油饼太过艰苦，就邀请我们中午到他家里吃口热饭。老乡家住在河对岸的一个名叫"孔坑村"的小村子，虽然只有十多户人家，却是一个古老的皖南小村，据说唐代就已经有了。午饭后，我独自在村子里东逛逛西逛逛，看看古村的风貌，不知不觉地走到了村子的后山边，那里堆满了老乡盖新房挖地基丢弃的石头。职业习惯使我不由自主地被引到了这堆石头旁边，俯下身随手翻了翻石块，很快就发现这些石头表面就有跟公路边类似的化石。追根求源，我很快就找到了这些石块的出处，可惜那里已经盖上了新房，而周边都是老乡的庄稼地和茶园，没有看到很好的岩石露头。我明白这些农作物和茶园就是农民的饭碗，当时也就没动心思把青苗铲掉，看看下面是否有很好的化石。

时过境迁，这次我们带着明确的科学目的再次来到蓝田，必定要有所作为。在政策和经费允许的情况下，我们给了农民青苗的经济补偿，就在村旁

这类化石生物在压实前的生活状态应该是圆锥形，纵向和横向的丝状体起到支撑骨架的作用，固定了整个生物体的体型。

从形态上看，这类化石与寒武纪之后出现的乃至现今的海绵动物非常类似，但是没有海绵动物所特有的矿化骨针的保存，丝状体均为有机质。虽然我们可以从生物演化的角度来推测早期的海绵动物也许并没有骨针，骨针是后来演化出来的，但是"矿化的骨针"是鉴定海绵的最重要的特征之一，因而，它的亲缘关系还不能认定，有待进一步的研究。

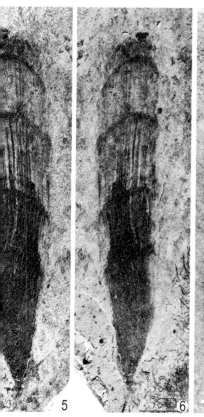

5

6

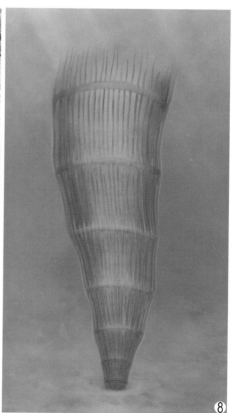

7

8

的山地里开始了大规模的挖掘。没几天，挖掘工作就有了新进展，不但找到了比以前保存好很多的相同类型化石，还发现了新的品种。

前川虫

图 2 是图 1 的局部放大，图 4 是图 3 的局部放大，图 5 为复原图。

由万斌等人 2016 年命名。化石体呈长纺锤状，明显分成外部和中央两部分。主体具有外侧结构和中央结构的分异，底部具有固着器。外侧结构呈鞘状，包裹着中央部分的中、下部，中央结构上部延伸出外侧结构顶端，略微变宽呈末端钝圆的指头状。这是一类奇特的化石，以往的化石记录和现生种类中都没有可对照的类型，但是可以说这一特殊的体型应该不属于藻类。目前对该类化石的生物属性没有定论，我们期待有更多的新的化石证据来做进一步研究。

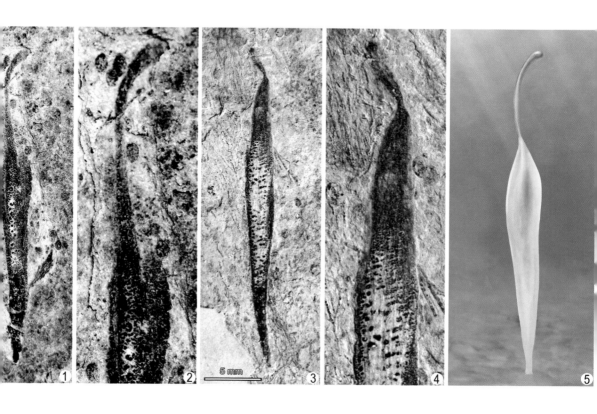

5 mm

3.5　科学是美的

在当时大规模挖掘之前，我曾经对预想的科学新发现做了一个推测：瓮安生物群的胚胎化石直径最大的约1毫米，如果在这里能找到相应的成虫化石，根据现代生物学常识，成虫大小至少是胚胎的30倍。通常情况下，动物"蛋"的大小跟动物成体的大小有一定的正相关关系。比如说，鸡的个体比鸭小一些，鸡蛋就比鸭蛋要小；鸭比鹅小，鸭蛋就比鹅蛋小。根据这样的推算，如果能找到跟瓮安胚胎化石有关的成虫，它的个体应该不小于30乘以1毫米，也就是3厘米。

另外，根据当时生物演化的总体水平，底栖游移生活的复杂动物应该还没有出现，如果有动物，它们很可能是底栖固着的类型，并长了触手用来取食……几天之后，一对（一个化石的正反面）上部长有触手、下面具有固着装置、长度约3厘米、形态类似现代珊瑚虫的化石被发现了！当科学预见和实验结果相吻合时，这就是难以言表的科学之美。这一发现也揭开了蓝田生物群研究的新序幕。

蓝田虫

图 1 和图 2、图 3 和图 4 分别为同一块化石的正负模，图 7 为蓝田虫的复原图。

蓝田生物群中新发现的类型，由万斌等人 2016 年命名。整个化石体分为明显的三部分，下部为固着器，中间主体部分为锥状体，上部为触手状结构。高 1—5 厘米。这类化石就是我们 2009 年再次来到安徽省休宁县蓝田镇，特别希望在蓝田生物群中找到的特殊类型。

在贵州瓮安生物群中发现动物胚胎化石之后的近十年中都没有找到与之"相匹配"的成体化石，我们经过缜密的思考和推测，继而从瓮安"转战"到蓝田。当时从南京去蓝田的路上，我曾经跟学生们说过一段话："如果能找到跟瓮安胚胎化石有关的成虫，它的个体应该不小于 30 乘

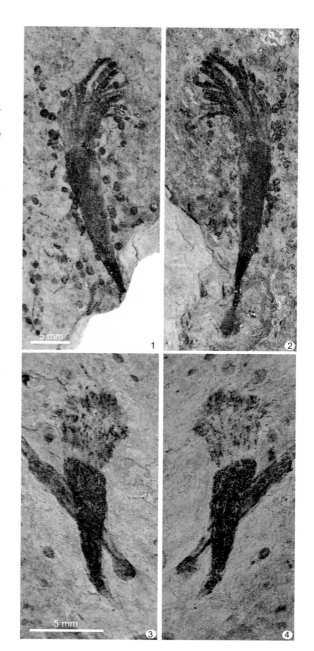

这次化石采集的野外工作从10月底一直进行到那年的冬天。那一年冬天，皖南一带普降大雪，我和课题组的陈哲博士、王金龙同志一直在进行野外挖掘，总感觉这些6亿年前的生物虽然早已变成了化石，但好像今天不把它们挖掘出来，明天就会跑掉一样，直到春节前3天，大雪封门，挖掘点全被大雪覆盖时才决定回南京。记得当时王金龙同志在冰雪覆盖的皖南山路上开车，时速10千米还常常打滑。

2010年春节过后一上班，团队就对这些化石进行了讨论，大家一致认为这次新发现的动物化石很可能与那些下"蛋"的"鸡"有关。过了正月十五，我带领团队再次回到蓝田继续挖掘，寻找更多"最早动物"的证据。就这样，陆续在蓝田一直工作到2010年夏天。肖书海也专程从美国赶回来，到蓝田的野外现场看了剖面和化石。这时候的肖书海已经成长为国际知名的早期生命研究专家，是美国弗吉尼亚理工学院的教授了，他对这些化石有着独到的见解，我们一起深入讨论了这些化石的科学意义，以及如何写文章向国际学术界公布。很快，有关蓝田生物群的新发现和新认识的论文

以 1 毫米，也就是 3 厘米。另外，根据当时生物演化的总体水平，底栖游移生活的复杂动物应该还没有出现，如果有动物，它们很可能是底栖固着的类型，并长了触手用来取食……"

相对于同层位产出的藻类化石，蓝田虫化石数量极少。藻类大多呈集群产出，而这类化石均为单体保存，迄今没有发现呈集群产出的群体标本。

这种直立的、具有锥状体型和顶端触手状结构的类型在后生动物中很常见，如刺胞动物中营固着生活的单体水螅类，具有近乎一致的形态。锥状体可能代表了水螅体是由内胚层和外胚层构成躯体的。可以肯定的是，这类化石应该属于多细胞后生动物，而宏体藻类不具有这样的体型结构。虽然目前还没有确凿的证据论定蓝田虫属于何种门类的动物，但是它们的形态和结构特征与刺胞动物水螅类非常类似。

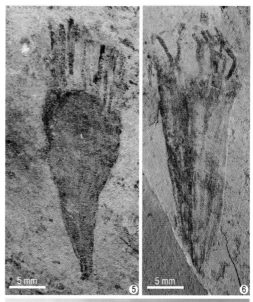

5 mm ⑤　　5 mm ⑥

⑦

初稿就投到了英国的《自然》杂志。

这时候我们已经认识到，蓝田生物群中不仅有藻类，而且还有动物，虽然还不确定这些动物与瓮安生物群中保存的胚胎化石是否存在直接的关联，但却已经清晰地表明在同一个时代甚至更早的时代里，地球上已经有了大个体的动物存在。虽然安徽的蓝田生物群与贵州的瓮安生物群在地理位置上相差较远，当时的沉积环境也不同，但是既然该时代已经出现了肉眼可见的动物，那么"动物下蛋"就是顺理成章的事了。在阐述这些发现的科学意义时，

还有一个亟需解决的重要问题，那就是它们的时代问题。这些化石与世界上其他地区发现的早期复杂生物化石群（如埃迪卡拉生物群）相比，是同时代？是早还是晚？因为对一个化石生物群的时代确定，直接关系到该生物群在生物演化史上的定位。课题组的周传明把这一化石群的化学地层、沉积序列与我国三峡地区和世界其他地区相关的地层进行了对比，他认为这是地球上迄今为止最古老的复杂多细胞生物化石群，比以往的所有"埃迪卡拉生物群"都要古老。

文章投到《自然》杂志后，

休宁虫

图 1 和图 2 为同一块化石的正负模，图 3 为复原图。

带状碳质压膜化石。由万斌等人 2016 年命名。带状体均匀规则，原始形态可能为棒状，中间具有一条细长的暗色轴向结构，顶端圆润，下部收缩为细短的柄状结构，底部为一球状突起。中间的暗色条带代表该类生物内部具有相对复杂的分层现象。这种形态结构在现生藻类中没有相似的。也许形态上可以和蠕虫类相类比，其外部的浅色圆柱体代表了生物躯体，而中间的暗色条带类似于肠道结构，下部的球状突起和柄状结构则类似于蠕虫类的翻吻结构。目前对该类化石的生物属性没有定论，期待有更多新的化石证据用来做进一步研究。

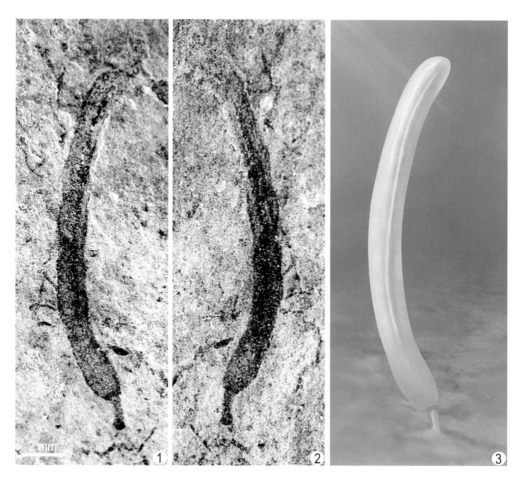

2 mm

由于得出的结论是"迄今最古老的复杂多细胞生物群",杂志编辑也显得格外谨慎。在早期生命研究领域,国际上有很多知名的化石产地,如澳大利亚、俄罗斯、加拿大等,当时报道的最古老的复杂宏体多细胞生物化石群是加拿大距今5.7亿年的阿瓦隆生物群(Avalon Biota),而蓝田生物群存在的时间大约是6亿年前,比加拿大的化石群老了约3000万年。因此,编辑认为需要提供更多的地层时代证据。我们其实早就考虑到这些了,前期已经做了大量的基础性工作,只是当时限于篇幅,一些辅助性的证据没有写入论文正文。在论文修改时,我们很快准备好了补充材料,作为论文的附件提交给了杂志。

2011年2月17日,正是农历元宵节。不知是巧合还是《自然》杂志编辑的有意安排,关于蓝田生物群研究的文章正式在英国《自然》杂志网站在线发表。不仅如此,杂志还邀请了世界上著名的早期生命研究专家、加拿大的格·纳波尼教授(Prof. Guy Narbonne)在杂志同期撰文进行了评述,他对该项研究成果给予了高度评价,指出:"它们是地球上迄今最早的宏体生物","蓝田生物群为早

皮园虫

图 1 和图 2 为同一块化石的正负模，图 3 为复原图，图 4 为图 2 的放大。

扇状碳质压膜化石。由万斌等人 2016 年命名。该类化石稀少。化石体明显分成外部和中央结构两部分。底部具有固着器。外部结构呈扇状，中央结构呈纺锤状。中央部分表面具有轴向的丝状结构，顶端具有触手状的丝体。

该类生物原始形态应为锥状或纺锤状。底栖固着，直立生长，具辐射对称的圆锥状软躯体，身体明显分为内外两层结构。

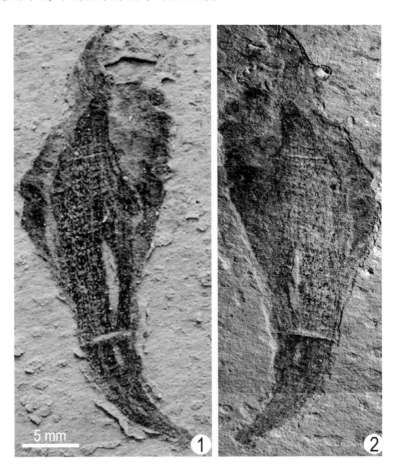

5 mm

期复杂宏体生命的研究打开了一扇新窗口"。

这篇综合性报道发表之后，接下来的工作就是对蓝田生物群的化石生物学和沉积环境等细节进行更深入的研究，目的就是恢复这个生物群的总体面貌和生存环境。迄今为止，该生物群已经发现了24种宏体复杂生物化石，包含宏体藻类14种、后生动物5种、亲缘关系不明化石5种。它们绝大部分底栖固着生活在浪基面之下、透光带之中、水深5—200米的静水的海洋环境中。

我们知道，对某一类化石进行化石生物学研究，主要是恢复它的形态，确定它的亲缘关系，并试图重建它的古生态。这样的系列复杂工作的前提基础就是获得保存完整的大量化石标本。通过5年多的挖掘，现在已经获得保存较好的化石8000余件，因此，我们通过仔细观察并结合多种研究手段，基本能够较科学地恢复这24种化石的基本形态。

从形态上看，它们与刺胞动物的水螅体阶段的特征非常类似。中央结构可以解释成一个具有胃循环腔的刺胞动物的螅状体，顶端的丝状结构可以解释为触手，而表面的轴向上的束状结构可能与螅状体表面的肌肉组织有关。外部结构类似包围在螅状体的外部起到支撑作用的围鞘。这种具围鞘的水螅体在刺胞动物水母类（包括十字水母纲、砵水母纲、箱水母纲和水螅虫纲）中都有出现，目前还很难归入其中的某一类。

3.6 生物群中有藻类也有动物，它们都是肉眼可见的宏体生物

蓝田生物群中的藻类有 14 种，其中的蓝田扇形藻化石最多，是优势种。根据它的名字，就能想象得到它的形态。这个种是陈孟莪先生最早定名的，化石呈扇状，上宽下窄，底部有固着器与海底接触，高度一般在 3—6 厘米，最高的少数个体超过 10 厘米。其实，该化石的扇形是压扁的化石形态，它的本来面目应该是杯状。这一新认识是基于对一些部分特殊保存的标本的仔细观察，以及对化石保存的科学分析。扇状和杯状体的正侧压都会出现扇状的二维形态，如何确定压实前的立体形态还需要找到一些保存了特殊结构的标本。我们可以做一个简单的实验，把一个纸杯（大体呈锥状）从正侧面压实，就变成了一个标准的扇形体，杯口的环带就会完全重合并呈一条线；当从斜上方侧压，杯子的口部就呈一个椭圆形环带。我们在观察众多扇形藻的化石中，就发现了一些上部具有椭圆形环带，可以推测它们原来的形态应该是三维立体的杯状，简单的二维扇状体是不可能压出这样的形态

扇形藻

这类化石是蓝田生物群中的常见类型，是该生物群中的优势种之一。最早由陈孟莪等人 1994 年命名。页岩表面保存为呈扇状的碳质压膜，下部有圆球状的固着器，一般高度在 2—3 厘米（图 1，图 2），少数标本高可达 6 厘米以上。

对于化石的研究，可以说第一步是进行整个形态的恢复，这也是化石生物学研究中最难的、最重要的基础工作。页岩表面的碳质压膜几乎都是二维保存的，要恢复生活时的形态，就需要挖掘出更多的好标本，特别是一些保存了特殊形态和结构的化石。蓝田生物群中所有的化石形态恢复，都存在如何从二维的保存状态恢复成三维的原始状态的问题。

就扇形藻来说，它的"扇形"其实是压实后的形态。图 3 和图 4 为同一个化石的正负模，显示了一个特殊保存的化石，可以看出它的上部具有不重合的两个边缘，这样的特殊结构表明这类化石原来的形状是杯状的。图 7 为扇形藻的复原图，从杯状体的斜上方进行侧压就会出现边缘不会完全重合的现象。可以说，这样的标本非常难得，即使保存的方向相同，大多数标本也会因为在压实过程中只保留了最外面的边缘，里面的边缘线就被碳质覆盖了。这类化石大部分保存为扇状，但是它们的上部边缘几乎都呈上凸的弧形（图 1 和图 2、图 5 和图 6 分别是同一个化石的正负模），也可以间接推测出它们压实前很可能是一个立体的杯状体。另外，在发现的上千块扇形藻化石中，没有发现扇状体具有折叠的现象，如果该类化石是叶状体（呈片状），折叠现象是很容易发生的，而杯状体无论从那个方向进行压实，都不容易出现藻体的折叠。

的。另外，通过对上千个扇形藻化石标本的观察，没有一个标本具有折叠的现象，如果是扇形的叶状体，在保存的过程中很容易出现折叠的现象。而对杯状体（或称为锥状体）的压实就很难出现折叠的情形。

实际上，蓝田生物群中的动物化石基本都是杯状或锥状的，一些丝状藻体生活时也呈上宽下窄的丛状。这样的形态是早期复杂生物为了获得更多的资源和生存空间演化出来的身体构型。之后的藻类乃至现今的植物和底栖固着动物，很多都继承了这一构型。

蓝田生物群中的动物化石有4属5种，蓝田虫是其中的代表，也就是上文中提到的根据瓮安胚胎化石推测的"一对上部长有触手、下面具有固着装置、长度约3厘米、形态类似现代珊瑚虫的化石"。在蓝田虫化石的同一岩石层面上，可以观察到很多小的黑点点，它们是蓝田生物群中数量最多的化石，称为丘尔藻（*Chuaria*），在蓝田组的黑色页岩中随处可见。经过详细研究可知，它们均呈球形，个体大小在 0.5 — 1 毫米，外面是一层有机质膜壳，内部没有发现可靠的生物结构，新鲜的、未被风化的化石里面充满了草莓状黄铁矿，经常有

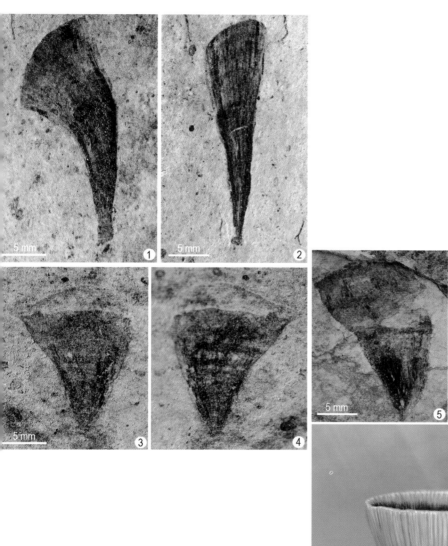

中央开裂的结构出现，它们很可能属于某类真核生物的休眠期囊孢。这类化石的大小和数量可以与瓮安生物群中的胚胎化石相比拟。保存完好的瓮安胚胎化石外层也有一层有机质的膜壳，只是里面保存了细胞分裂或分化的生物结构。

蓝田生物群和瓮安生物群虽然相距千余千米，但它们所处的时代非常接近，化石类型不同和化石保存方式不同，很可能都是受到沉积环境的控制。蓝田化石是宏体的，并具有完整的外形，没有受到风浪的影响；瓮安化石是微体的，经历了风浪的搬运、打碎和再沉积，宏体化石几乎没有保存下来。这两个生物群中很多化石属于多细胞真核生物，包括了动物和多细胞藻类，但它们的类型和大小上存在非常明显的区别。

现阶段，我们虽然没有确切的证据表明蓝田生物群中的丘尔藻也属于动物的休眠期囊孢，也没有可靠的证据把丘尔藻和蓝田虫紧密地联系在一起，但是，它们给予了我们一个很重要的启示，那就是这个时期的多细胞生物很可能普遍存在世代交替的现象。这样，我们在研究某一类多细胞真核生物化石的属性时，就要从它的整个生活周期来考虑。其实，瓮

丘尔藻

　　这是蓝田生物群中数量最多的化石。在页岩表面密密麻麻分布的小点点都可以归入丘尔藻。它们的原始形态为球体，根据球体的直径大小不同，大致可以分为三个类型。

　　蓝田生物群产出的新鲜岩石是黑色页岩，含有机碳很高（图1），个别层段含量可以达到10%以上，也许可以作为页岩气开采的层段。新鲜的黑色页岩中，由于化石跟围岩均为黑色，对比度差，因而在新鲜岩层面上寻找化石比较困难。在风化面上，由于围岩中的有机碳部分被氧化，页岩呈灰色或土黄色，而化石体含有机质较高于围岩，虽然也经历了氧化，但依然有很多有机碳保留下来呈黑色或黑褐色（图2）。在蓝田生物群中找到的好的化石，绝大部分来自风化了的页岩。

　　丘尔藻在未风化的黑色页岩中很多都是

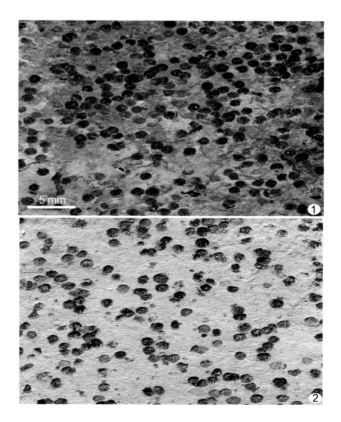

5 mm

安生物群中的某一类外部具有锥刺状突起的胚胎化石，在陈雷等 2014 年发表在《自然》杂志的论文中描述的一系列囊胚期化石，以及其后发育的"俄罗斯套娃"化石就相当于这类生物的大半个生活周期。

这两个生物群给我们认识多细胞生物的起源和早期演化带来了一个又一个惊喜，同时也需要我们拓展思路，发挥更多的想象。不要把 6 亿年前的生物完全跟现代的某一类生物直接进行对比，这样的对比很可能把我们的思维带进一个死胡同，其实，同期或稍后出现的埃迪卡拉生物群就是一大群不能跟寒武纪以后出现的生物相比较的巨型"怪物"。即使是寒武纪大爆发过程中产生的很多复杂生物也是很快就消失了的、生命演化树上的"非主流"类型。

立体保存的，内部含有大量的草莓状黄铁矿。这些黄铁矿风化后成为褐铁矿，呈黄褐色。可以分别出未开裂的球状体（图4）、半开裂状态的球状体（图5）和完全开裂的半球体并分别卷曲成椭球体（图6）。这一球状体的开裂现象，与现代藻类的休眠期囊孢萌发成新的个体或与某些无脊椎动物休眠卵的早期发育很类似。虽然蓝田生物群中这些化石数量很多，但迄今还没有在球状体中发现内部结构，因而还不能将它们的生物属性完全确定下来，现阶段暂时归入形态和大小类似、广泛出现在距今10亿－8亿年岩层中的丘尔藻。

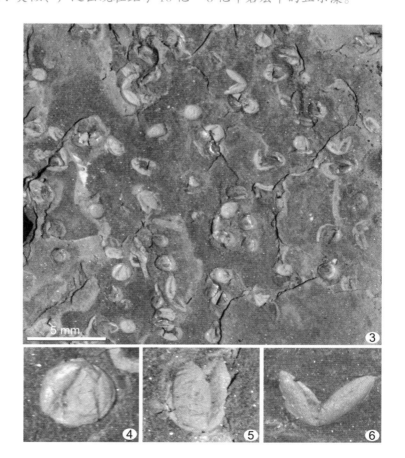

5 mm

3.7　它们也许生活在这样的环境中

对于蓝田生物群当时的生存状态，可以简单地推测如下：

因为很多化石保存完整，底部具有固着器保存，没有搬运带来的化石富集现象，所以，它们属于原地生活、原地埋藏的生物群；

因为保存这些化石的岩层具有毫米级甚至更细密的微层理，没有水动力作用形成的诸如波痕、斜层理等构造，所以它们应该生存在最大浪基面之下，水深至少大于50米；

因为有大量的真核多细胞藻类化石，它们必须进行光合作用，所以，它们肯定生活在透光带之中，水深小于200米；

因为该生物群基本都是由真核多细胞生物组成的，有动物也有藻类，它们的代谢过程需要有自由氧，所以，它们的生存海水是有氧的。

综合起来，蓝田生物群的生存环境就是：浪基面之下，透光带之中，水深50 — 200米的静水的、有氧的海洋环境。

蓝田生物群及其生活的黑色页岩沉积环境组成了一个以底栖固着的复杂生物为主体的生态系，扇形藻和安徽藻是该

由海绵状化石和安徽藻组成的群落古生态复原

恢复地质历史时期生物生活时的场景，可以说是古生物学家追求的终极目标之一。古生态复原是集科学、技术和美学于一体的综合性的工作。首先进行详细的化石生物学研究，以了解生物的类型、生物习性、与其他生物之间的关系等。第二，要研

1cm

生态系中的优势种，它们与其他底栖固着直立生活的藻类和动物占据了底层水体约 10 厘米的生态位，匍匐生长的线状奥尔贝串环位于水体最底层。以丘尔藻为代表的浮游藻类异常丰富，它们是该生态系中的主要初级生产者，由于缺乏底栖游移动物的觅食和搅动，具触手和滤食性的动物数量也非常有限，这些有机质就大量埋藏到沉积物中，也为该时期大气氧含量的提升起到了重要作用。这样一个以底栖固着复杂生物为主体的生态系统，出现在雪球地球事件刚刚结束之后广泛海进的第一个沉积旋回之中，在此之前的地质历史中还没有出现过，它为埃迪卡拉纪晚期以及寒武纪之后的复杂生态系统的建立和发展奠定了基础。

究当时的古环境，例如，化石保存在海洋环境，那就需要了解当时的水深、水体性质、水动力条件、底质以及营养来源等。第三，要有专业的绘画技术，绘画者在古生物学家的指导下，完成单个化石生物的复原图，再把它们放在科学研究得出来的环境中。第四，综合考虑整体复原图的布局，例如，生物的个体数量、类型多少，以及它们之间的距离与相互的位置等（如果是原位保存的化石，就可以直接利用化石位置），在整体上不违背科学规律的情况下，使复原图尽量做到美观和生动。

这是一个原位保存的生物群落，化石生物都是底栖固着的类型。对单个个体进行复原后，固着器的位置不变，把它们原位直立起来即可。海绵状化石占大多数，中间有一些丛状安徽藻也是底栖固着的类型。藻类属于植物，一般用绿色，海绵状化石用现代海绵动物常出现的黄褐色。它们生活的底质是颗粒极细的泥质。

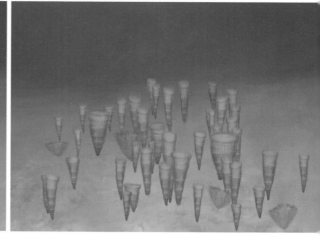

3.8　多细胞生物也许起源于台地上的深水区域

新元古代大冰期之前的浅海底栖生态系统以原核生物为主体，真核生物虽然在古元古代就已经起源，但受到氧气含量较低带来的一系列环境因素的影响，延缓了真核生物的多样化进程，它们分异度较低，以微体类型为主，大部分在水体的浅表层含氧带营浮游生活。经过长达1亿多年的新元古代冰期–间冰期事件之后，大气圈氧含量明显增加，海洋的深层水被逐渐地氧化，一些浮游的微体真核生物能够迁移到较深水的海底生活着，并建立了

以多细胞生物为主体的复杂生态系统。与多细胞藻类一样，这个时期的后生动物也是营底栖固着生活的，它们类似于现代的腔肠动物或海绵动物，没有对沉积物产生任何搅动作用。在最大浪基面之下的有光带静水环境中，这些藻类和动物有可能都是有性繁殖的，从而大大提高了遗传物质的变异概率，并进一步导致了形态的复杂化和多样化。在这样的环境中，多细胞生物，特别是动物，经过了数千万年的演化，它们的体型结构以及繁殖机制逐渐完

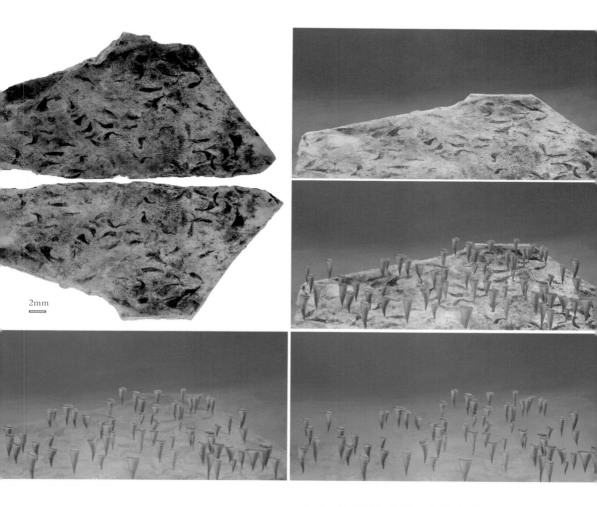

由扇形藻组成的居群古生态复原

这是由扇形藻单一物种组成的居群，具有固着器，原地埋藏。底质是泥质。

蓝田生物群总体复原图

　　主要是根据保存在同一岩层面上的居群和群落古生态进行复原，同时也结合了相近层位发现的其他单个化石进行总体面貌复原。居群和群落复原均根据来自同一岩石层面的化石，也就是说，它们再现的是完全相同的时间段的生物面貌，而总体复原再现的不是严格意义上的同一时刻生存的生物。但蓝田生物群主要集中分布在近十米的页岩中，保存环境和化石类型没有太大的变化，因此该复原图基本反映了蓝田生物群的总体面貌和生存环境，它们生活在浪基面之下、透光带以上、水深50—100米的有氧环境中。图中化石生物的颜色主要参考现代类似生物进行描绘，一些丛状和扇状类型是多细胞藻类，杯状和具触手类型属于动物。

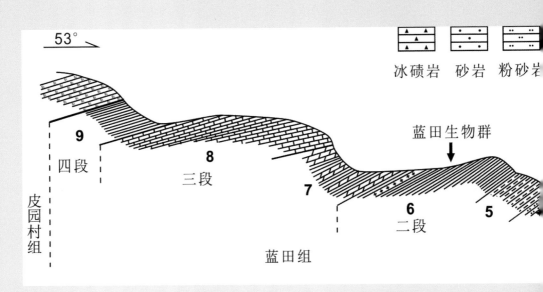

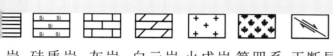

岩　硅质岩　灰岩　白云岩　火成岩　第四系　正断层

0　　10　　20m

蓝田生物群产出剖面

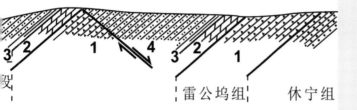

该剖面位于安徽省休宁县蓝田镇。沿着屯黄公路，保存了8亿多年前至寒武纪早期各个地质时代的岩层，从下到上包括：休宁组、雷公坞组、蓝田组、皮园村组和荷塘组。其中，雷公坞组为冰川沉积，体现了当时全球性极端寒冷事件——雪球地球事件。蓝田组中下部是蓝田生物群的产出层位。荷塘组属于寒武纪早期，产大量海绵化石和软舌螺化石，是寒武纪大爆发的重要见证。

善。在埃迪卡拉纪中晚期，它们逐步迁移和扩散到较浅水的近岸环境中。

　　蓝田生物群是形态简单或微体的真核生物向体型结构复杂和形态多样性演化的重要环节，它预示着多细胞宏体生物的起源和早期演化很可能发生在较深水的安静环境中。

寒武纪大爆发前夕
最为复杂的生物组合

埃迪卡拉生物群

是寒武纪动物大辐射前夕最引人注目的复杂生物群，分布时代为距今 5.8 亿— 5.2 亿年。它们体形奇特，类型多样，从外形看，有的像一片大树叶，有的像水母，有的像蠕虫，但是，它们几乎都不能与寒武纪之后乃至现今的生物进行很好的形态对比，是一大类"长相非主流"的化石生物组合。一些学者甚至认为，它们完全不同于已有的生物，是一群在地质历史上"昙花一现"、已经完全绝灭了的特殊生物，并将它们归入一个新的生物门类——文德动物门（Vendozoa）或文德生物群（Vendobionta）。另一部分学者则认为，虽然现生生物没有与它们形态完全一样的类型，但它们的体型结构与无脊椎动物的腔肠动物门、环节动物门和节肢动物门的部分类型相似，可以将它们归入这些相应的动物门类。埃迪卡拉生物群自上世纪 40 年代在澳大利亚发现以来，已经在全世界发现了三十多处，但唯独在中国没有发现。半个多世纪以来，中国几代地质学家在中国大地上一直在努力寻找着这一独特的生物群。2011 年夏天，中国科学院南京地质古生物研究所的早期生命研究团队终于在三峡地区发现了可以与世界上其他地区的化石进行对比的典型的埃迪卡拉生物群。

$\triangledown$

知 识 链 接

寒武纪大爆发：也称为"寒武纪生命大爆发"，是指寒武纪早期大量多门类后生动物的快速出现以及遗迹化石的分异度和复杂性的惊人增加，反映多门类两侧对称后生动物在寒武纪早期爆发性地辐射（explosive radiation）这一生物事件。需要强调的是"爆发"并不等同于"起源"，它并不否认后生物动物的共同祖先根植于前寒武纪。这一概念的提出，最早可追溯到 1948 年，著名的美国地层古生物学家克劳德（Cloud）采用了"eruptive evolution"一词来描述寒武纪初期大量多门类后生动物化石在地层中出现的"瞬时"性，强调动物在寒武纪早期的快速演化。"eruptive evolution"即是寒武纪大爆发（Cambrian Explosion）概念的雏形。1979 年，英国古生物学家 Brasier 在撰文研究寒武纪动物辐射演化事件时，首次使用了寒武纪大爆发（Cambrian Explosion）这一术语。文献中也常用寒武纪大辐射（Cambrian radiation）这一术语。

$\triangledown$

4.1 在老乡家的石瓦片上发现了化石

那是 2011 年春季的一个晚上，我吃完晚饭正坐在沙发上看电视，突然接到一个电话，是课题组的周传明打来的："我和陈哲、王伟、关成国在三峡出野外，今天发现了一块化石，你打开电脑，我把图片发给你看看。"很快，照片就通过 QQ 传了过来，我不敢相信这是在三峡发现的化石，半开玩笑地说："这是哪里弄来的照片？网上下载的？""不是，是今天从老乡废弃的石堆里找到的，化石的正反面都有，有 20 厘米大小的。"周传明淡淡地回答我。这人遇事总是这么冷静、这么有理性。但是，我可受不了了，情绪几乎不能控制，这不就是我们长期以来一直在寻找和期盼的东西吗？！这可是个真家伙啊，是典型的埃迪卡拉化石啊，看上去长得有点像芭蕉叶，也有点像乌龟壳。"这跟纳米比亚的 *Pteridinium* 很像，陈哲在旁边吗？他是专家，啥意见？"他们俩不像我，一向做人做事都比较低调，陈哲本来话就不多，也许这次是过于激动了一些吧，他只说了一个字："像！"

在废弃的石瓦片中寻找化石

　　陈哲和周传明研究员正在翻看从老乡家屋顶卸下来的"乱石堆"。这样的场景在上世纪 90 年代就有了，30 年来，他们只要去三峡进行野外工作（其他方面的科研），都会顺带着翻看"乱石堆"，试图从中找到埃迪卡拉化石，这几乎成为每次去野外的"常态"了。

好吧，要知道在中国发现了可以跟国际对比的典型的埃迪卡拉化石是何等的重要，这一特殊的生物群自上世纪40年代在澳大利亚首次发现以来，半个多世纪里在全世界相当年代的地层中发现了三十多处，唯独没有在中国发现。要知道，中国的埃迪卡拉系地层出露和分布都非常广泛，几乎整个扬子地台都有分布，岩层连续，其中发现的瓮安生物群、蓝田生物群和庙河生物群早已闻名于世，这些年来一直是国际早期生命研究领域关注的焦点。但是，从埃迪卡拉生物群的广泛分布和研究程度来说，它无

疑是寒武纪生物大爆发前夕最重要的多细胞复杂生物群，我国的早期生命研究工作者一直在中国的大地上苦苦地寻找它。古生物研究有时跟考古学很类似，比方说，如果对唐代的考古研究没有发现"唐三彩"，明代考古没有"明青花"，这在考古界肯定是一大憾事。同样，期盼有朝一日，在中国埃迪卡拉纪的地层中发现典型的埃迪卡拉生物群，这对我们一直从事该领域研究的地质人来说，又何尝不是一种梦想。

看来，这块化石预示着几代人的梦想就要实现了。但是，"乱石堆"中捡到的化石只是

叶状体化石（*Pteridininium*）

　　这是一类典型的埃迪卡拉生物化石，是从老乡家屋顶废弃的石瓦片上发现的。由于以前在中国没有发现典型的埃迪卡拉生物群，因而中国学者对这个领域的研究成果很少，所以埃迪卡拉生物群的化石绝大多数没有中译名，

2cm

一个开始，它来自何处，原始岩层在哪里，还能不能找到第二块，能不能找到其他的化石类型，这肯定是下一步的工作重点。这一追根求源的工作，周传明和陈哲此时已在三峡野外有序地安排和进行中。

乱石堆来自老乡换屋顶废弃下来的石瓦片。三峡地区历来是我国最穷困的地区之一，山高路险，自然资源匮乏，除了石头还是石头。在过去，当地老乡盖房子就地取材，用石头做房屋的地基、墙壁，还用当地特产的一种薄的"青石板"当做瓦片挡风挡雨。现如今，改革开放三十多年了，部分山民开始富裕起来，解决温饱问题的第一步就是把漏风漏雨的石片瓦换成保温防雨的大红瓦。这样一来，换下来的石片就给了我们寻找埃迪卡拉化石的一个难得的良机了。

这里暂时统称为"叶状体化石"。该化石保存得并不完整，根据纳米比亚同时代完整的标本来看，它应该是底栖固着于海底、向上生长的叶状体，中间有一个主轴，向外围生长出多列呈"肋骨状"的叶片。可以说，埃迪卡拉生物群是地球历史上体型结构最为奇特的生物，它们个体大（可达 1 米），体型复杂，肯定属于多细胞的复杂生物。现今地球上的多细胞复杂生物可以分成三大类：动物、植物和真菌。部分学者认为它们绝大部分不属于动物，因为没有发现动物的典型特征，如头、尾、口、肠道等体型的分化；

也不认为它们属于植物（当时海洋中的多细胞藻类），因为一些埃迪卡拉生物群生活在 2000 米之下的海水中，没有光可以利用，另外藻类也没有这样复杂的体型结构。极少部分学者认为它们是一些大型真菌，这从营养方式来解释是说得过去的，真菌是异养的，它们可以利用海水或海底中的有机质来进行生活，但是真菌也没有这样复杂的体型结构。因而，现在的主流观点认为这些大型的复杂生物是已经绝灭了的特殊生物类型，它们可能依靠渗透营养来生存。目前看来，对埃迪卡拉生物群还需要更多和更深入的研究。

4.2　青石板太硬，不是我们不努力，是真的敲不动

　　肯定有人会问，为啥不去露头的岩层中直接去寻找、去敲打呢？以往，我们的前辈们何尝不是这么做的啊！根据国外产出埃迪卡拉生物群的层位，我们早已知道三峡地区一百多米厚的"石板滩灰岩"中最有可能发现埃迪卡拉化石，这段岩层也是当地"青石板"石材的主要来源。三峡地区的很多古栈道以及现在修路架桥都用的是这种石材，它质地坚硬，耐磨、耐风化。但是，我们地质人要从这样的"青石板"中劈出化石来却非常困难，小小

的地质锤敲上去就火星直冒。更不巧的是，三峡地区这些"青石板"原始产状几乎都是平铺着的，有时候从一个山头到另一个山头，说不定看到的还是同一个岩层面。找化石最怕这种岩层产状了，一百多米厚的岩石，你不知道化石在哪一层。如果岩层倾斜就不一样了，在很短的距离内就可以观察到上上下下的不同层位了，也就会大大地增加获得化石的概率。而在水平产出的石板滩灰岩层中寻找化石，概率就小了很多。可以说，我国老一辈地质工作

叶状体化石（*Charniadicus*）

　　埃迪卡拉生物群中常见的类型之一。具有一个主轴的叶状体底栖固着于沉积物之中，形态类似电视剧《西游记》中铁扇公主的"芭蕉扇"。这类化石大小不一，小的个体只有数厘米，大的个体高度可以达到 1 米以上。

者在三峡地区寻找化石的岁月里，能上去的山头都上去过，能摸到和看到的石头都仔细观察过，但一直收效甚微。

其实，从废弃的石瓦片中、从采石场中寻找埃迪卡拉化石就是前辈们言传身教的，是"望石兴叹"时没有办法的办法。用这种方法找化石，除了几十年如一日地"执着"外，还很大程度上需要些运气。谁知道哪个采石场某天会放炮开山炸石，如果不及时赶到现场，震塌下来的大石块第二天也许就加工成了小碎石拖去铺路了。同样，你也不清楚，谁家有钱了，刚好把屋顶上的石瓦片换了下来，让你有机会去翻看翻看，否则，这些废弃的石料说不定很快就会当作碎石拖走了。因此，要把握好机会最好的办法就是多去三峡、多留心、多看看。记得有一年，周传明和陈哲就前前后后跑了5趟三峡。

雾河管

这是在三峡地区发现的一类新的埃迪卡拉化石。底部具有固着器，上部为具环带的管状体。把这类化石归入"埃迪卡拉"化石，是因为已经发现的数百种埃迪卡拉化石，绝大多数都有一个共同的特点：它们可以看成是由一些类似的"模块"拼接起来的。例如，叶状体，不管它们体型有多复杂，都可以分解成很多基本类似的"肋状"分枝"模块"，整个生物体就是由这些"模块"像"搭积木"一样拼合起来的。雾河管的基本"模块"就是"圆环"，可以看成是由"圆环"叠加而成的。这类化石小的只有数毫米，随着"圆环"的增大和增多，大的可以达到十多厘米。

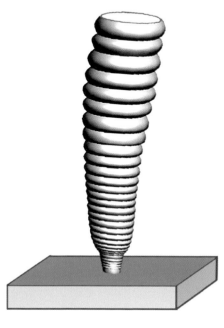

4.3　要成大事，必须有"天时、地利与人和"

这次的意外发现，可能正好印证了那句老话，要成大事，必须有"天时、地利与人和"。也就是这一年的春天，我们课题组在英国的《自然》杂志上公布了"蓝田生物群"的重要成果，同时也获得了中科院、基金委数目可观的科研经费的支持。"人逢喜事劲头足"，周传明、陈哲带着课题组的两位年轻同志——王伟和关成国，在炎炎的夏日兴高采烈地第 N 次来到了三峡，这次的主要任务是埃迪卡拉系陡山沱组剖面的实测和岩样采集。按照惯例，当然也要顺带去翻翻老乡家屋前屋后的"废石堆"。可以说，这一翻可不得了，翻出了一片新天地。

需要特别指出的是，还是年轻人的眼神好，最先在乱石堆里发现这块化石的是关成国同志。这位同志平时做事就非常细心，这也是他最大的优点，关键时刻起到了"一眼定乾坤"的作用，也许这块石头就是其他老同志看过而疏忽掉的。年轻同志就是好学好问，看到自己不明白的东西就虚心请教，不会不了了之。当关成国发现

水母状化石（*Hiemalora*）

　　这是埃迪卡拉生物群中最常见的类型之一。在三峡地区已经发现了个体大小不一、类型多样的"水母状"化石。它们大部分类型很可能属于叶状体的固着器，但也不能一概而论，一些特殊的类型需要进一步研究。

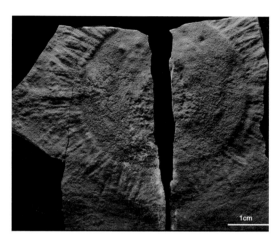

水母状化石（*Cyclomedusa*）

　　这也是埃迪卡拉生物群常见分子。直径超过 10 厘米。

这个以前没有见过、看上去很奇怪的东西时，就与王伟讨论起来。当然，不管讨论结果如何，这块石头最后还是递到了周传明和陈哲眼前。"陈老师，这是什么结构？"关成国很腼腆地问陈哲。"这是埃……"，"埃"字刚出口，周传明一个箭步跨上来，一把就把石片抢到了手中。陈哲回忆起当时的情形，"我看到周传明的反应比见到这块化石还要吃惊，这人平时遇事不惊、举止温文尔雅，还从来没有见过周老师这么粗暴的举动和敏捷的身手。"

这两位可算是"老江湖"了，纳米比亚和澳大利亚的埃迪卡拉化石，周传明可是亲眼去看过，加拿大的埃迪卡拉化石，他们俩也组团去观摩过，有关埃迪卡拉生物群的资料，陈哲那里几乎都有。在这里，我想说的是，王伟和关成国应该明白，周传明和陈哲冒着酷暑带你们来翻乱石堆，就是要找这样的东西啊！

关于随后的情形，虽然我不在现场，但也能想象出：陈哲肯定是用沾满灰尘和微微颤抖的手从上衣口袋里掏出一根香烟，先点上猛吸一口，一句话也不说。至于周传明嘛，左手继续抓着那个石片，右手伸了过去，跟陈哲说："给我来

遗迹化石之一

在埃迪卡拉生物群产出层位也发现了大量的遗迹化石。这些遗迹化石是动物在进行觅食、行走、停歇、钻孔等活动时，在沉积物表面或内部留下来的痕迹。这些痕迹表明寒武纪大爆发前夕，底栖游移的复杂动物已经出现，甚至出现了两侧对称动物。虽然我们能观察到形态多样、数量丰富的遗迹化石，但是迄今为止还没有发现与这些遗迹相关的造迹动物，一个很重要的原因就是该时期的动物与寒武纪之后的动物不同，没有进化出能被矿化的骨骼，它们基本都是软躯体，留下来的实体化石非常罕见。这些遗迹化石显然与同层位保存的大型埃迪卡拉生物（绝大部分是固着生长的）没有关系，造迹生物应该与寒武纪之后发现的动物关系密切。如果未来在这些岩层中发现了软躯体的造迹生物的实体化石，将会是一个激动人心的时刻，我们会对寒武纪大爆发"根部"的动物类型有一个全新的认识。

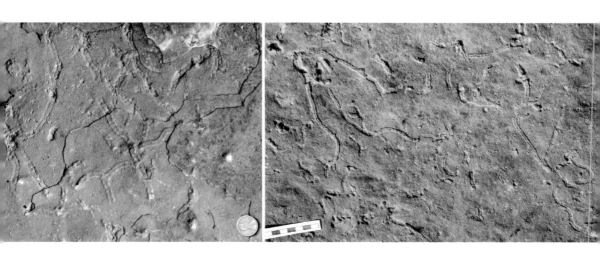

一支。"（注：周传明自三峡
埃迪卡拉化石公开发表后，就
戒烟了，戒烟是否跟在中国终
于发现了埃迪卡拉化石有关，
不便细究。）

遗迹化石之二

同一块岩石板面上保存了密密麻麻的遗迹化石，可能指示该时期底栖游移的动物数量很大。

遗迹化石之三

遗迹化石和埃迪卡拉化石保存在同一岩石层面上。中间的圆形化石为典型的埃迪卡拉化石，称为"Aspidella"，也是一类水母状化石。

4.4 "顺藤摸瓜"也不是容易的事

其实，接下来"顺藤摸瓜"地寻找化石源头的事情并不是想象的那么顺利。这家房子的主人姓李，后来我们都叫他老李，其实年龄比我们都小，出于礼貌，总不能喊人家"小李"吧。他这房子并不是自己建的，是多年前从当地一位老乡那里买来的，房子是老房子，很有些年头了，老李也不知道屋顶的石瓦片来自何处。经打听，原来的房主人已经搬走，很难在短时间内找到他。

三峡地势崎岖不平，山里人家大多依山建房，每家每户几乎都不挨着。后来几天，他们走访了附近山头的多户人家，就是想知道老李家屋顶上的石瓦片的来源，或原来的房主人去哪里了。但是很多住户都是"铁将军"把门，要么出远门到大城市里打工去了，要么一大早就去哪个山头干农活去了。

老李家的房子和石瓦片是真实存在的，总该有知事的、懂事的明白人知道来龙去脉。功夫不负有心人，他们终于在一个山洼里的庄稼地里遇到一位"懂事的"、姓高的矮个子老头，他回忆起，李家的房子

老乡家的石瓦片屋顶

由于各种条件的限制，三峡地区现在还有一些用石片盖的农房，这些石片主要采自灯影组石板滩薄板状灰岩，距今约 5.5 亿年，这是世界上埃迪卡拉生物群分布的主要时代。这些石片是老乡们利用钢钎、大锤、楔子、錾子等工具从坚硬的岩石中取下来的，地质工作者用的普通榔头是很难劈出这样的薄石片的。用石片做屋顶的房子挡风挡雨的性能很差，现如今，经济条件好的农户换成了大瓦房，这些石瓦片就被废弃了，给我们寻找化石提供了很好的机会。

原来是张家的，张家的老爷子过世前曾叫他帮忙到附近一个山坳中采过"石瓦片"。这样七转八转，石瓦片的原产地露出了真面目。

大家都明白，找到石瓦片的原产地非常关键，但这也只能说是"万里长征"的第一步。找到了地点也不一定很快就能找到产化石的层位，找到了层位也不一定就能找到化石。老一辈地质工作者半个世纪在三峡寻找化石的经验告诉我们，即使找对了层位，化石也一定非常之少，否则这些年来他们将三峡大小山头都转遍了，怎么就连一块埃迪卡拉化石也碰不到。关于到石瓦片的原产地如何去挖掘的问题，记得我当时的建议是，多找一些当地的民工和有经验的石匠，人数不要少于15人，咱们先试试"人海战术"再说。

接下来找民工也是一件不容易的事，要挨着山头、挨家挨户去问，只有委托老李，等晚上老乡都从地里收工回家了再去问。山里的年轻人几乎都出远门打工了，留守的基本都是老头和老太。最后七拼八凑，终于找到了一支平均年龄在65岁左右的、由十多位老头和老太组成的队伍。

幸运的是，老李和邻居老

挖掘现场

　　到原生的岩层去挖掘化石，需要当地的老乡帮助，特别是当地有经验的石匠。山区的年轻人很多都到城市里打工去了，当时七拼八凑好不容易找到了一支平均年龄约65岁的挖掘队伍。别看他们年龄大，但把大块的石头敲下来比我们的经验丰富多了，其中就有几位在年轻时候是做过石匠的。

　　那一年从春夏之交到冬天，只要不下大雨或大雪，大家都在野外进行挖掘。

傅年轻时不但做过石匠，手头上还有一套开山凿石的工具。这样，以他俩为"核心骨干"，在老高指引的那个山坳中大家热火朝天地干了起来。

我们课题组有一个惯例，遇到重要化石生物群的大规模挖掘或工作量较大的其他野外工作，不管是谁，哪怕与你的研究方向相差较远，大家都应该去帮忙。看到周传明发出的照片后，没几天，肖书海和他的两位学生就从美国维吉尼亚工程学院来到了三峡，鲍惠铭也从美国路易斯安那州立大学赶了回来，华洪从西安赶了过来，曹瑞骥、尹磊明、其他学生和我从南京也很快就到了三峡挖掘现场。

我们和十多位民工一起，除了炸药（违禁品，一般人现在搞不到），其他的如冲击钻、撬棍、钢钎、12磅大锤、凿子、地质锤全用上了，"青石板"被一大块一大块地掀了起来。很快，十多天过去了，除了常见的遗迹化石外，还没有发现一点点埃迪卡拉化石的踪迹。好在大家都有"即使找到了，数量也非常少"的心理准备，但即便这样，心里头还是难免犯嘀咕：老高是否有点老迷糊了，带错了地方？！

民工们继续在挖、在敲打，

当时来到现场的课题组成员

在中国的埃迪卡拉纪地层中发现埃迪卡拉生物群化石,是我们三代地质人的梦想。在三峡地区发现了埃迪卡拉生物群的踪迹,这一消息很快在课题组中传开了,课题组的主要成员迅速来到了挖掘现场。其中就有我国前寒武纪研究的老前辈曹瑞骥先生和尹磊明先生,还有中青年骨干和研究生。

但我们除了敲打石块外，不得不坐下来再次进行思考和讨论。毕竟，转眼间 20 天了还没有发现我们期盼的东西。别看陈哲平时不怎么说话，这时候发话了："我们再在这里继续向下挖，已经不是原来石片的产出层位了，我这几天到附近看了看，距离这里 30 米左右的山上，有很好的岩层出露，那里的层位比这里要高一些，建议换到那里去挖。"经他这么一提醒，大家很快就明白了，这个挖掘点现在就是一个凹坑，周围都是灌木丛，继续挖掘的余地不大，何况老乡当年取石块的那个岩层，也就是化石产出层，已经挖没了，再往下挖，不但工作量和难度越来越大，距离原层位也越来越远了。

阶梯状化石层再现了 5.5 亿年前的生物演化史

　　三峡地区产出埃迪卡拉生物群的石板滩灰岩层基本是近乎水平的，层理发育，一些地区和层段化石异常丰富，剥离出来的每一个层位都有很好的化石，为了更好地进行科学研究，特别是古生态方面的观察，我们把化石岩层剥离出来后，原层位保留在原地，这样比单个带回实验室的化石所保存的信息丰富很多，原地保存的化石保存了原始的埋藏状态、个体间的间距、分布状态、不同层位的不同类型等。这样剥离出来的阶梯状化石层，就再现了 5.5 亿年前，一段看得见、摸得着的生物演化史。

4.5　一个月后，才挖到第一块原层位保存的埃迪卡拉化石

这次，我们在陈哲的带领下来到了山上，这里视野开阔，可以放开手脚大干特干了。大家铺开了摊子继续"锤子棒子"地敲了起来。我们坚信化石再少也不可能就只有一块，挖地三尺也要找到第二块！这样六七天又不知不觉地过去了，青石板上还只是那些常见的遗迹化石。就在众人高度怀疑老高的记忆力和陈哲的科学分析能力的第八天，终于在原始的岩层上发现了一块形状像"向日葵"的圆形化石！这个当然就是埃迪卡拉生物群最具代表性的化石之一 *Hiemalora* 了！这也是中国第一块从原层位找到的典型的埃迪卡拉化石。

按常理来说，有了第一个，就不愁第二个了，但是，发现第二个也不是那么容易的。大家沿着化石的产出层位换了好几个采集点，才找到后来大家看到的一系列化石。之后，陈哲、周传明和肖书海等人把这次的新发现整理成文，并于2014年在有国际影响力的杂志上发表了。论文发表后，引起了国内外相关学术界和主流媒体的广泛关注。2014年夏天，由我们

原层位挖出来的第一块埃迪卡拉化石

　　这是埃迪卡拉化石 *Hiemalora* 的正反面。这是一类典型的埃迪卡拉化石，俗称为水母状化石，整体形态呈圆盘状，边缘长出了"触手状"的丝状结构。该类化石自上世纪 40 年代在澳大利亚发现后，相当一段时间内，被解释成类似水母的腔肠动物。后来在加拿大发现这类化石并不是独立的个体，它与叶状体相连接，学者们重新将其解释为叶状体化石的固着器，认为"触手状"的丝状结构是起到固着作用的"根须状"结构。

课题组主持召开的埃迪卡拉纪国际讨论会期间，邀请了国内外研究埃迪卡拉生物群的知名专家来到了三峡挖掘现场，肖书海和陈哲为专家们解读了这一"迟到的"、具有重要科学意义的发现。

三峡的挖掘工作和研究工作一直在继续，典型的埃迪卡拉化石分子接二连三地被揭示出来，新类型也在不断地添加到埃迪卡拉生物群这一"大家庭"的名单中。该生物群已成为我国早期生命研究领域又一个新的生长点。

在三峡埃迪卡拉生物群现场的讨论会

在中国三峡发现了埃迪卡拉生物群，对于国际早期生命研究学术界也是一件重要的事情。2014 年 6 月，课题组组织了一个国际会议，国内外相关领域的知名学者均踊跃参加。有来自澳大利亚的吉姆·格林（Jim Gehling）教授，他是当今澳大利亚埃迪卡拉生物群研究最具代表性的科学家；有来自加拿大的格·纳波尼（Guy Narbonne）教授，

他是加拿大阿瓦隆生物群（也属于埃迪卡拉生物群）和纳米比亚埃迪卡拉生物群最重要的研究学者；还有来自美国、俄罗斯和英国的主要从事埃迪卡拉生物群研究的著名学者和演化生物学家。陈哲和肖书海在挖掘现场向国内外学者详细介绍了三峡埃迪卡拉化石。

记得在会议现场，听到吉姆·格林教授私下跟格·纳波尼交流："这就是我们希望看到的东西！"早年我曾在加拿大蒙特利尔大学学习，跟格·纳波尼教授师从同一老师（已过世的早期生命研究专家汉斯·赫夫曼教授），论资排辈来算，他是我的师兄，他在挖掘现场跟我开玩笑说："袁，我想野营在这里！"我问他为什么，他这么回答我："当明天天亮，第一缕阳光透过树林时，我还能再看一眼这些漂亮的埃迪卡拉化石。"

由此可见，中国发现埃迪卡拉生物群，给国际学术界带来了惊喜。尽管科学家是有国界的，但科学研究是没有国界的，它带来的是全人类的财富。近年来一系列相关的重要发现，也确实给国际早期生命研究领域带来了非凡的贡献。

结束语

　　科学探索需要有一股子"不撞南墙不回头"的牛脾气。就是这种执着的追求支撑着我国老一辈地质工作者默默地耕耘和无私地奉献，并与年轻一代携手砥砺前行。二十多年前，陈孟莪先生带我进三峡、上蓝田的情形依旧历历在目，也忘不了三十多年前，他在中关村送给张昀老师瓮安黑色磷块岩的那个冬日。"回来吧，不要为了留在国外而改行，我们一起继续研究瓮安的化石。"张昀老师语重心长的话语更是记忆犹新。几十年如一日，我们这个老中青相结合的团队对中国震旦纪的瓮安生物群、蓝田生物群和庙河生物群进行了系统的化石挖掘和研究，向世人展示了中国特有的化石宝藏，揭示了"寒武纪大爆发"之前，多细胞复杂生命至少还存在长达 5000 万年的早期演化史。

　　可以说，在中国发现埃迪卡拉生物群一直是前辈们的梦想。陈孟莪、孙卫国等前辈们多次带领我们去三峡寻找，"你们年轻人眼神好，看来这项工作要依靠你们了"，他们坚信三峡的震旦系灯影组石板滩灰岩中肯定有埃迪卡拉化石。半个世纪的苦苦追寻，现如今终于实现了老中青三代人的梦想。自从走进了早期生命研究这一领域的大门，每隔一年半载，我总是被同一个梦境萦绕：在三峡某处的岩层面上有成群的埃迪卡拉叶状体化石……

　　有梦想就不会安于现状，就会去追求，但要实现梦想，特别是几代人的梦想，并不容易。"众人拾柴火焰高"，团队的默契合作和辛勤的劳动会给成功带来更多的好运。记得在我大学毕业的留言簿上，一位同窗好友送了我这么一句话："运气总是留给有准备的人。"我一直坚信这句名言。这些年来，耳闻目睹和亲身经历了我国震旦纪一系列化石宝库的新发现，我更推崇另一种说法："运气也是实力的一部分！"

图目录

The
Sinian
Life

震旦
生命

致

谢

———

　　本书所述及的科学研究长期以来得到中国科学院、国家自然科学基金委员会、中华人民共和国科学技术部、美国科学基金、江苏省科学技术厅、安徽省科学技术厅、现代古生物学和地层学国家重点实验室的资助。